宝宝断奶全程指导

易 磊◎编著
YI LEI

浙江科学技术出版社

图书在版编目（CIP）数据

宝宝断奶全程指导 / 易磊编著. — 杭州: 浙江科学技术出版社，2013.9

ISBN 978-7-5341-5678-6

Ⅰ. ①宝… Ⅱ. ①易… Ⅲ. ①婴幼儿—食谱 Ⅳ. ①TS972.162

中国版本图书馆CIP数据核字(2013)第210582号

书　　名　宝宝断奶全程指导
编　　著　易　磊

出版发行　浙江科学技术出版社
　　　　　杭州市体育场路347号　邮政编码：310006
　　　　　联系电话：0571-85170300-61702
　　　　　E-mail:zkpress@zkpress.com
排　　版　北京明信弘德文化发展有限公司
印　　刷　北京世纪雨田印刷有限公司
经　　销　全国各地新华书店

开　　本　710×1000　1/16　　印　张　19
字　　数　236 000　　插　页　2
版　　次　2013年10月第1版　2013年10月第1次印刷
书　　号　ISBN 978-7-5341-5678-6　　定　价　23.80元

责任编辑　刘　丹　王巧玲　　责任印务　徐忠雷
责任校对　王　群　李骁睿　　责任美编　金　晖

断奶，孩子走向独立的第一步

自然界有许多关于断奶的有趣案例，你可能已经听说过一些，比如，牛妈妈对待它们断奶期的牛宝宝是当小牛试图吃奶时，母牛就会把它踢开。你会发现，那些小牛很快便能吃草觅食。再比如关于老鹰为了教幼鹰如何飞翔、觅食，是怎样敦促它飞出它们悬崖顶上的窝的，后来幼鹰就能自己照顾自己了，因为它们不得不那样做。

哺乳动物离开父母，是为了去探险、捕猎，最后找到它们的伴侣。人类也是一样，断奶是孩子走向独立的第一步，走好这一步，宝宝未来的路将走得更平坦。“断奶”并非一个简单的动作，更非瞬间即可完成。它是一种过渡形式，是将母乳喂养或人工喂养用其他食物代替的一个过程。无论从宝宝的辅食添加与喂养，还是从宝宝的性格培育与历练来看，断奶都是一个充满新奇、快乐、尝试的过程。婴儿随着年龄的增长，对于各种营养素的需要也逐渐增加，同时其消化功能的发育和牙齿的长出，对食物的质和量也不断提出新的要求。单纯依靠母乳或奶粉的营养就显得不足和不全面，这就需要逐渐添加一些半流质或固体食物，一方面是补充营养的需要，同时也为“断奶”后吃成人饭做准备。断奶应在孩子第4～5个月开始，而且应该是循序渐进的。从喂养的方式来说，就是从用母乳哺喂或奶粉哺喂改变成用小勺及杯子喂的过程。婴儿所需营养从母乳或奶粉所得的比例逐渐减少，一般到1岁就不再哺喂母乳了，对于人工喂养的小儿来说，就是不再用奶瓶吃奶了。

心理学家认为，断奶过程的好坏直接影响宝宝的身心健康，如果断奶方法不得当，比如在乳头上涂辣椒水或是万金油，或者跑到亲戚家躲几天等，都会给宝宝心理上造成极大的伤害，所以如何为宝宝经营好断奶这一过程尤为重要。

基于家长在宝宝断奶过程中的种种困惑，我们组织有关育儿专家精心编写了这本《宝宝断奶全程指导》。本书首先让妈妈了解一些相关的喂养与制作辅食的常识，然后根据宝宝不同发育成长期的生理及对饮食需求的变化，详细地介绍了断奶准备期、断奶初期、断奶中期、断奶后期、断奶完结期的饮食方案、亲子方案及断奶心得。此外，出于对宝宝生病的担忧，我们还特别加入了异常情况的排解方法。无论遇到的是常见问题还是常见病，都可以在家先做初步治疗，这样既有效，也可暂时缓解宝宝的病情，而且通过食疗调养身体，对宝宝健康也是非常有利的。

书中内容充满人性化的关怀。希望你在阅读本书后，能够掌握有效的断奶方法，使你的宝宝愉快地接受母乳以外的食物，让宝宝健康快乐地度过断奶期。

编者

2013年9月

目录

第一章 就要断奶了，不可不知的断奶常识

Contents

Contents

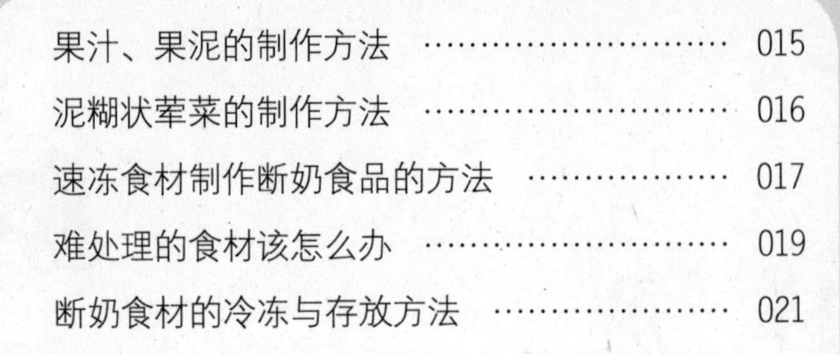

第三章

4个月，断奶初期养育方案

Contents

Contents

第四章 5个月，断奶初期养育方案

第五章 6个月，断奶初期养育方案

Contents

第六章 7个月，断奶中期养育方案

第七章 8个月，断奶中期养育方案

Contents

第八章 9个月，断奶中期养育方案

第九章 10个月，断奶后期养育方案

Contents

第十章 11个月，断奶后期养育方案

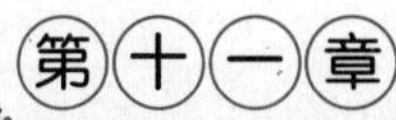

第十一章 12个月，断奶后期养育方案

Contents

Contents

第十二章 13～18个月，断奶完结期养育方案

第十三章 异常排解，好妈妈胜过好医生

Contents

Contents

第一章

就要断奶了，不可不知的断奶常识

宝宝看着满桌的饭菜，时不时流着口水，好像很想吃的样子，看来可以给宝宝断奶了。断奶的宝宝该吃些什么呢？这还真难倒了初为人母的妈妈们，那就赶紧来了解一下断奶常识吧！

喂养常识——初为人母喂出健康宝宝

宝宝出生后，“吃”是宝宝的头等大事，每位妈妈都应该了解一些喂养常识，这样才能在宝宝需要时，正确而及时地给予，而不会手忙脚乱。

断奶食具的挑选与使用

宝宝要断奶，添加辅食是不可避免的，烹调食物的用具当然必不可少。为了能做出美味的断奶餐，妈妈们一定要准备好相关用具，这样才会事半功倍哦！

烹饪用具

❶ 削切类

削皮刀：削胡萝卜皮、土豆皮时使用。

菜板和菜刀：一定要将切肉、水果和蔬菜的菜板与菜刀分开来使用，并且注意消毒。菜板最好选用皂角木、柳木、桦木和白果木等材质的，无异味，容易消毒。菜刀最好是不锈钢的，耐用，且容易清洗干净。

❷ 研磨类

擦菜板：这种用具在擦食物的丝或片等材料时特别方便。

研磨器：用来将食物磨碎，制作泥糊状食物的时候少不了它。用前要用开水烫，用后要洗净并晾干。

电动搅棒：用来搅拌泥糊状食物，也可以用干净的筷子和不锈钢的匙子代替，用后要确保干

燥；也可用手动调羹代替。

汤匙、叉子：用于磨碎比较柔软的食材。最好选择不锈钢材质的，这样不易变形，且毒害作用小。

③ 过滤类

漏斗：去除打碎不充分的食物颗粒，使用前用开水烫一遍。

榨汁机：用来制作果汁和菜汁。最好选过滤网特别细、可以分离部件清洗的。每次使用后一定要清洗彻底。使用前最好用开水烫一遍。

纱布：想把清汤分离出来时，可以把纱布放在漏匙上用来过滤，或把材料包裹在纱布中挤成汁。

④ 其他类

小蒸锅：用来为宝宝蒸食物，像蒸蛋羹、鱼、肉、肝泥等都可以用到。

微波炉：用来快速给宝宝制作断奶餐的工具，特别适合宝宝少食多餐的情况，使用后要注意清洗和通风一段时间。

豆浆机：用于给宝宝制作天然豆浆，使用前要清洗，用后要洗净晾干。

计量碗：用来计算辅食的量，可以用一个事先量好重量和容积的小碗充当。注意清洁，使用前先用开水烫一遍。

计量匙：用来计量的工具，可以用一个事先量好的小匙充当。注意卫生，使用前用开水烫洗，用后与计量碗一起存放。

带刻度的广口杯：用来计量液体食物的工具，使用后要注意干燥卫生。

保鲜盒、保鲜袋：用来存放食物的工具，使用前要保持干净、干燥。

喂食工具

（1）平碗：碗要选底平、帮浅、大而漂亮，且平稳不易洒的。最好选用有吸底盘的，这样不易打翻。

（2）食用匙：可备两把，一把是妈妈用来喂养宝宝的，另一把是宝宝自己动手吃饭的。妈妈用来喂养宝宝时，应选用柄长口浅的匙子，便于妈妈喂养，同时口浅可以避免压迫宝宝的口腔。宝宝自己使用的小匙，应选择手柄适合宝宝手抓、匙小口浅的，便于宝宝将食物送入口中。

（3）塑料杯：最好选用双耳

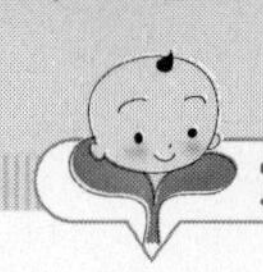

手柄的杯子，便于宝宝抓握食用。

（4）围嘴布：为了让宝宝不弄脏衣服，这是宝宝喂食前的必备。

此外，由于各类厨具功能不同，应科学地使用。否则不但无益，反而有害。

（1）忌用铁锅煮绿豆。绿豆含单宁，高温条件下遇铁会生成黑色的单宁铁，使绿豆汤汁变黑，有特殊气味，不但影响食欲，而且对人体有害。

（2）忌用不锈钢或铁锅熬中药汤剂。由于中药中含有多种生物碱以及各类生物化学物质，尤其在加热条件下，会与不锈钢中的铁发生多种化学反应，使药物失效，甚至产生一定毒性。

（3）忌用铝锅盛菜肴。铝锅抗腐蚀性能差，遇弱酸、弱碱、盐等物质会发生化学反应生成特殊的化合物，所以家用厨具不宜选用铝制厨具。

宝宝添加辅食的时间表

随着宝宝的逐渐长大，妈妈的乳汁已经满足不了宝宝的需求了。另一方面，宝宝看见食物开始有了新鲜感，喜欢用手去抓，嘴里还不停地流着口水，这些都说明宝宝需要添加辅食了。那么具体该怎么添加呢?

每个宝宝的成长不同，辅食的添加时间也有所不同，所以妈妈在给宝宝添加时，应因时而动，也就是根据宝宝消化食物的能力，适时添加。

一般来说，宝宝到了3个月时，就可适当添加辅食，如给宝宝喝些菜汁汤、米汤等含钙量高、维生素多、蛋白质丰富的食品。这样可以使宝宝在断奶期对饮食和消化有一个适应的过程。

4～5个月的宝宝吞咽能力刚刚形成，胃肠消化能力差，因此，此时最佳的断奶餐为流质食物，如配方奶粉、米糊、菜汁、

果汁。宝宝4个月的时候，可以逐渐增加香蕉、苹果、胡萝卜、白菜等蔬菜水果的汁液，以及米粉和少量的蛋黄。到了5个月的时候，可以给他喂些谷类，尤其是粥，把粥煮软后研碎很适合给宝宝食用。

6～7个月的宝宝吞咽能力较强，胃肠消化能力也有所增强，而且此时正处于宝宝出牙期（6～7个月的宝宝可长出1～2颗乳牙）。所以此阶段宝宝的最佳断奶餐为吞咽型泥糊类食物，如稀粥、烂面、菜泥、蛋黄、鱼泥、豆腐泥、动物血碎等。6个月的时候，粥可多加一些，还可以给宝宝吃菜泥、果泥，也可以将豆腐、熟土豆、蒸蔬菜、米粉糊、细面条捣碎或者切碎后给宝宝吃。7个月时，辅食可增加鱼泥、肝泥、肉泥、碎菜等，制作方法上还需换着花样搭配。

8～9个月的宝宝开始学会咀嚼食物，辅食开始变得更加丰富起来，辅食包括蛋、豆、鱼、肉、五谷、蔬菜、水果等，且每天可添加3次辅食。9个月时，注意需添加面粉类的食物，烹调食物要注意色、香、味俱全。

10～11个月的宝宝已长出7～8颗牙，咀嚼与消化能力较强。宝宝10个月大时，开始尝试软饭、绿叶菜，并注意加一些比如香蕉、胡萝卜等可以让宝宝自己拿着吃的食物。从11个月开始，饮食的重心从乳类食物转换成普通食物，辅食的量也应该逐渐增多。

满周岁时，大部分母乳喂养的宝宝已经或者即将完成断奶，这时饮食结构发生了很大的变化，经历了从依赖母乳到依赖食物，虽然乳品还是主要食品，但辅食的添加已经变成了一日三餐，原料也变得丰富多样。

适合宝宝的才是最好的

每个宝宝的生长发育都是有差异的，所以开始的时间不可能一模一样。与其只盯着数字标准，不如观察宝宝的反应更准确。

从出生至4个月后，如果宝宝开始对食物感兴趣，嘴角还会流出很多口水，看着家人在吃饭，宝宝小嘴儿也会跟着嚅动，这些现象都说明食用断奶餐的时期到了。如果你的宝宝开始食用断奶餐的时间有点晚，也不要担心，根据自己宝宝的发育情况选择开始的时间，才能让断奶顺利进行。特别是只吃母乳的宝宝或患有遗传性过敏症的宝宝，如果喂了一两次断奶餐后出现过敏症状，应尽可能将开始的时间推迟到出生后6个月比较好，但这并不是说越晚越好。出生后7个月如果还不开始食用断奶餐的话，宝宝可能会对固体食物产生反感而不愿接受，从而使断奶的进行变得非常困难，还容易缺少必需的营养素，所以最晚也应在6个月以后从安全、常见的食物缓慢开始。

父母不要看着别人的宝宝已经开始吃辅食就跟着学，不同宝宝各自的发育状况不同，而且对食物的反应也有所不同，所以只有适合宝宝的方式，才是宝宝断奶的最佳方式。

按顺序提供营养很重要

中国饮食营养协会专家通过多年的研究，一致认为宝宝的断奶餐主要是由宝宝的身体发育情况来决定的，因此，喂养方式应循序渐进，按顺序给宝宝提供营养。这样不但有助于宝宝健康发育，还能保证宝宝摄取充足的营养。

一般6个月大的宝宝如果能自行控制头部的摆动，自己坐着不摇晃，小嘴有咀嚼动作，当把食物送到口腔后可以吞咽下去，那么就可以开始喂辅食了，也就是喂养的第一阶段——流质食物期。流质食物较容易吞咽，也容易被吸收消化。第一次喂养时，量不要多，1～2匙即可，只要让宝宝尝到即可。每次只给宝宝添加一种新食物，等一个星期宝宝

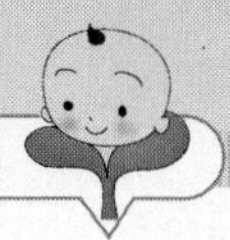

可以适应后，再加另一种新的食物，每一种食物必须适应后才能混合喂食。第一次喂养也许并不会很顺利，但只要勇于尝试，大多数宝宝都能接受新食物。

当宝宝熟悉辅食后，妈妈就要开始给宝宝添加含铁的辅食了，进入宝宝喂养第二阶段。一般宝宝出生后体内储存由母体获得的铁质，可供宝宝生长发育3~4个月，从6个月以后，宝宝体内的铁质会逐渐消耗殆尽，所以必须从食物中摄取较充足的铁。此时含铁米粉是宝宝最佳的食材。含铁米粉多由谷物搭配蔬菜、水果、蛋黄制成，过敏性小，易被宝宝肠道消化吸收，而且含铁量也较丰富，可补充宝宝每日所需的铁。

等宝宝长到7个月后，会用手指抓取任何他看得到的东西，同时把它放入口中，这说明可以喂食别种食物了。此时宝宝的辅食应以易吞咽的泥糊类食物为主，进入喂养的第三阶段。此阶段喂养时，宝宝会用手抓住喂食汤匙，所以妈妈必须用另一只汤匙喂他；并且与宝宝一同做咀嚼动作，左右移动上下颚。由于他还没有完全长出牙齿来咀嚼食物，最好还是喂糊状的食物，如胡萝卜泥、麦片粥等。

宝宝适应泥糊状食物后，就得添加富含钙质的食物，这就进入喂养的第四阶段了。宝宝从7个月起开始出牙，再加上骨骼的发育，所需的钙量会逐渐增加，所以妈妈应尽量准备富含钙的食物。此时可添加一些海产品、豆类，如虾米、紫菜、海带、黄豆、黑豆、豆腐等，这些食物不但耐咀嚼，而且富含钙质。

宝宝10个月以后，随着咀嚼能力不断增强，身体进一步发育成长，可以咀嚼不是很碎的食物时，就可进入喂养的第五阶段了。此阶段由于宝宝身体发育仍在加快完善，所需营养素的种类与量也增加了，所以喂养最好改为“一日三餐两点”制，辅食的量可加大，但奶制品不可缺少，营养需做到均衡摄取。虽说做到每日营养均衡是非常难的，但只要保证一段时间内宝宝摄取的营养均衡就可以，这样不至于宝宝因某种营养素的缺乏或过剩而引起疾病。

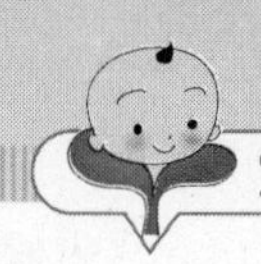

专家提示

在喂养过程中，父母很容易遇到问题，如宝宝不吃辅食、厌食、偏食、挑食，这些因素都会影响宝宝对营养的吸收。因此，当父母被宝宝的喂食问题困扰时，不妨找小儿科医师咨询，以得到客观的评估和实用的建议。

断奶之前，耐心和方法同样重要

很多妈妈在宝宝出生不久，就开始为宝宝做断奶前的准备了，比如，3个月前，让宝宝逐步适应用奶瓶；4个月后，开始让宝宝品尝辅食的味道，如蔬菜汁、果汁、米糊等，并减少喂奶的次数。这些事对宝宝来说都是一种变化，宝宝需要时间来慢慢适应。

大多数宝宝在第一次使用奶瓶时，都会自动地用舌头去顶，表示自己不喜欢、不乐意接受；而在看见辅食时，虽然感到好奇，但不知道如何下口，更不要提主动去吃了。因此，在妈妈为宝宝做断奶前准备时，一定要注意喂养的方法，同时耐心也是必不可少的。

准备给宝宝使用奶瓶了。妈妈可为宝宝多购买几个不同样式、图案的奶瓶，让宝宝自己去把玩、去挑选。实践证明，只有喜欢，宝宝才更乐意用。奶嘴应尽量挑选仿真的，这样更容易让宝宝接受。给宝宝用时，最好一开始就告诉宝宝你要做什么，并在宝宝心情好的时候给他用，如果宝宝拒绝，妈妈也可先与宝宝玩耍，等他累了或有点饿了，再将奶液或果汁滴一滴在宝宝唇边，让宝宝尝到味道，如果想吃他自然会张嘴。宝宝吃后，妈妈要给予表扬，增强宝宝用奶瓶吃奶的印象。

让宝宝适应奶瓶

在添加辅食的过程中，第一次应顺着些，妈妈要先给宝宝做示范，该如何去

吃，并且帮助宝宝一点点地学会吞咽，这样只要宝宝肯吃，就会慢慢接受食物。

如果宝宝不吃，也不要硬喂，可以多尝试几次，喂的时候耐心一点。可以将食物汤水涂抹在宝宝唇边，也可将勺上汤汁放到宝宝嘴边，宝宝来吃时，一点点地送进嘴里，只要让宝宝尝尝味道就可以了。最好在宝宝饿的时候或喂奶前进行，这样更容易让宝宝接受食物。

无论怎么做，都要以宝宝乐意为中心，毕竟宝宝还小，还需要吃奶，不要强迫宝宝做不乐意的事。当宝宝不肯配合时，妈妈要多寻找原因，不断尝试，也可听取过来人的意见，探寻宝宝吃辅食的规律。此外，还要注意烹制食物要有耐心、要用心，不要糊弄。味道可口的食物，宝宝才更乐意去品尝。

断奶之中，辅食添加顺序从A到B

断奶是一个宝宝熟悉食物并且学会吃的过程，所以辅食添加一定要循序渐进，遵循A→B的规律，这样既有助于宝宝对食物的消化吸收，也顺应宝宝的成长发育。

❶ 从一种到多种

宝宝脾胃功能发育不全，辅食添加需按照宝宝的营养需求和消化能力逐渐增加食物的种类。刚开始时，只能给宝宝吃一种与月龄相宜的辅食，尝试3～4天或一周后，如果宝宝未出现不良症状，如腹痛、腹泻、呕吐、皮疹、便秘等，大便成形，且正常排便，再尝试新食物。如果宝宝对某一种食物过敏，在尝试的几天里就能观察出来。一般从4个月起，宝宝每周只能增加一种，如能适宜，之后便可3～4天添加一种食物，至8个月后便可吃混合食物了。

❷ 从稀到稠

大多数宝宝基本从4个月起开始添加辅食，但那时宝宝还未出牙，因此辅食应从流质食物开始，较稀的流质食物也容易消化吸收，而且不易增加宝宝的胃肠负担。随着宝宝牙齿的发育与咀嚼能力的增强，辅食可逐渐过渡到半流质食品，也就是泥糊类辅食，待宝宝逐渐适应后，就可过渡到较稠的辅食，如软饭、软面条等。

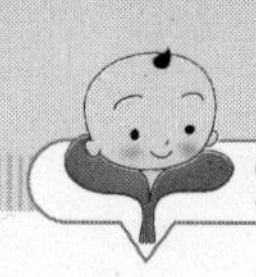

③ 从少量到多量

宝宝胃肠容量小，消化能力差，而且适应辅食的能力弱，所以辅食应从少量开始添加，尤其是刚添加辅食1～2周内，辅食的添加只是尝一尝、试一试，每次只要5～10克的量，用温开水或奶汁稀释后，再喂给宝宝，这样的食物才容易被消化吸收。一般初次添加，每天只能添加1次，宝宝吃后，要注意观察排便，如果一切正常，可逐量增加；如出现水样便，颜色为绿色，而且宝宝排气多且臭，就说明食物量太多，需减量。如果减量后大便仍然不正常，可以在征得医生同意后暂停添加辅食。

④ 从细小到粗大

宝宝的吞咽与咀嚼能力发育不完全，较大较硬的食物不易被宝宝咀嚼和吞咽，所以，开始给宝宝添加辅食时，食物颗粒要细小，口感要嫩滑，逐渐锻炼宝宝的吞咽功能，为以后过渡到固体食物打下基础。待宝宝出牙时，妈妈可把食物的颗粒逐渐做得粗大，这样有利于促进宝宝牙齿的生长，并锻炼他们的咀嚼能力。

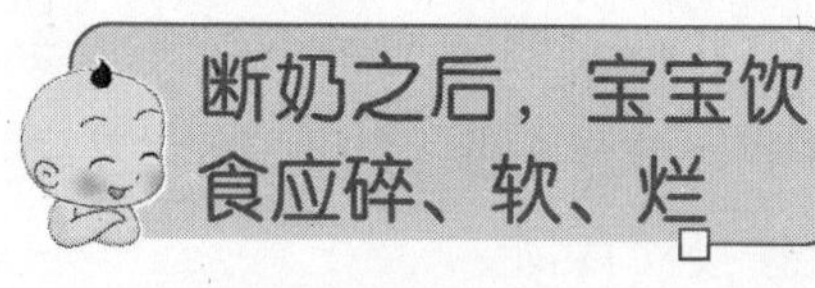

断奶之后，宝宝饮食应碎、软、烂

很多宝宝在断奶后，很容易出现食欲下降、脾胃消化不良等问题。此时宝宝饮食应以碎、软、烂为宜，这样的食物容易咀嚼，也易被消化。此时不要强迫宝宝吃东西，尤其是不喜欢吃的食物。只要宝宝每天都能吃一点点，他就会慢慢适应并接受这种饮食配餐。

宝宝的饭菜还要做得软烂一些，以利于宝宝消化吸收。一般来讲，主食可吃软饭、烂面条、米粥、包子、饺子、小馄饨等，搭配吃一些蔬菜、水果、鱼、肉、蛋、动物肝脏及豆制品，还应经常吃一些海带、紫菜等海产品。最好以宝宝常见的、爱吃的食物为主，不建议添加新食物，避免影响脾胃功能。

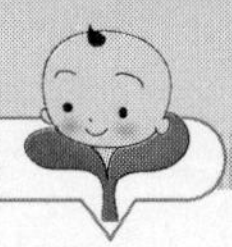

此外，每天要保证给宝宝喝两次奶制品，如牛奶、酸奶、配方奶等。最好选用配方奶，这样即使宝宝吃得很少，也不会造成营养不足。

防止偏食，少糖无盐不加调味品

对宝宝最好的食物，就是天然没有味道的食物。中国营养学会认为：给12个月以内的宝宝制作辅食应少糖、无盐、不加调味品。

“少糖”即在给宝宝制作食物时，尽量不加糖，保持食物原有的口味，让宝宝品尝到各种食物的天然味道，同时少选择糖果、糕点等含糖高的食物作为辅食。如果宝宝从加辅食开始即较少吃到过甜的食物，就会自然而然地适应少糖的饮食；反之，如果此时宝宝的食物都加糖，他就会逐渐适应过甜饮食，以后遇到不含糖的食物自然就表现出拒绝，形成挑食的习惯，同时也为日后的肥胖埋下了隐患。而且，吃糖过多不仅会引起肥胖，还会影响宝宝对蛋白质与脂肪的吸收和利用，引起维生素B_1及微量元素的缺乏，还可能因血糖浓度长时间维持在高水平而降低宝宝的食欲，若不及时刷牙还会增加龋齿的发生概率。

“无盐”即12个月以内的宝宝辅食中不用添加食盐。因为12个月以内的婴儿肾脏功能还不完善，浓缩、稀释功能较差，不能排除体内过量的钠盐，摄入盐过多将增加其肾脏负担，并养成孩子喜食过咸食物的习惯，不愿接受淡味食物，长期下去可能会影响宝宝味觉的敏感度，形成挑食的习惯，甚至会在成年后增加患高血压的危险。12个月以内的宝宝每天所需要的盐量还不到1克，母乳、配方奶、一般食物中所含的钠元素足以满足宝宝的需求。

不要以成人的习惯来看待宝宝，没糖、没盐的蔬菜水和淡淡的营养米粉，成人可能觉得不好吃，但宝宝一开始接触的就是这种滋味，并不会反感。不要在宝宝面前做出不好吃的样子，这样会影响宝宝的食欲。

也许很多妈妈会担心这样的辅食宝宝不爱吃，其实比起母乳和配方奶，辅食的味道已经丰富多了。如果开始添加的辅食含有盐、糖，

宝宝适应了味重的食物，就很可能不愿尝试清淡的食物了。

此外，在烹调蔬菜时，加些植物油不仅使菜肴更加美味，而且有利于蔬菜中脂溶性维生素的溶解和吸收，所以可酌情、适量添加。一般6～12个月的宝宝每天可摄入5～10毫升；1～3岁的宝宝每天可摄入20～25毫升；学龄前儿童每天可摄入25～30毫升。各种植物油的营养成分不同，综合来看，大豆油比较适合为宝宝烹制菜肴，内含的亚麻酸和亚油酸可平衡宝宝体内脂肪，对宝宝成长有利。

为了宝宝，也为了家庭所有成员的健康，建议仍选择少盐、少糖、低油的饮食习惯为宜。

断奶不是简单的食物置换

很多妈妈认为断奶就是食物的置换，只要宝宝不吃奶了，就叫做断奶。其实并非如此。断奶是指由母乳作为唯一食品过渡到食用母乳以外的食品，来满足宝宝的全部营养需要的过程，同时也是一种习惯培养，培养宝宝如何独立进餐。

断奶一般要经历7～8个月，甚至更长的时间。在这个过程中，宝宝身体的每一点细微变化，都在为接受食物做着准备。

当宝宝对食物产生兴趣并流口水时，流质食物可以帮宝宝更有效地学会吞咽，这也会让宝宝尝到食物的味道，学习如何品尝食物。

当宝宝主动用舌头舔食物时，说明宝宝已具备了搅拌食物的能力，此时泥糊类食物是再好不过了。泥糊类食物可以锻炼断奶宝宝舌头的搅拌能力，培养宝

宝细嚼慢咽的饮食习惯。

当宝宝喜欢咬东西时，说明宝宝要出牙了，此时最适合的莫过于切成丁的食物了。丁状食物可以帮助宝宝出牙，也可锻炼宝

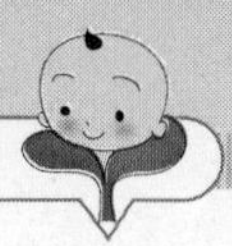

宝的咀嚼能力，逐渐形成吃饭的概念。

断奶并不是不再吃奶制品，所以在宝宝断奶时，妈妈可以用配方奶代替母乳。喂食时，要让宝宝适应奶瓶，渐渐培养宝宝喝水的习惯，等宝宝逐渐自己会用奶瓶喝水或喝奶时，就可以给宝宝使用杯子了，培养宝宝独立喝东西的习惯。

当宝宝小手能灵活抓起小勺时，妈妈可帮助宝宝用勺吃饭，逐步将宝宝的注意力转移到一日三餐上，并给宝宝断奶，培养宝宝独立进餐的能力，让宝宝逐渐向成人的饮食习惯过渡。

不用称就知道的计量法

由于宝宝断奶餐的量很少，因此不太好计量。每次使用秤来计量10克、20克的材料实在很麻烦。下面就以经常使用的食材为例，简单介绍一下不用称就知道的计量法。

常用材料计量法

米20克：干燥时，约为一平匙的量；泡涨后，约为匙中米凸起0.5厘米的量。

西蓝花20克：约3个拇指大小的量。

土豆20克：约直径4厘米的土豆1/4个的量。

红薯20克：约直径5厘米的红薯按2厘米的厚度切出1块的量。

洋葱10克：一个拳头大小的洋葱切1/16个的量。

豆芽20克：手握时，食指到拇指第一指关节末达到的量，也被称为一小撮。

苹果10克：压成泥后一平匙的量。

胡萝卜10克：剁碎后一平匙的量。

香菇20克：中等大小的香菇一个的量。

牛肉10克：约为2个鹌鹑蛋大小的量。

黑豆20克：为30～45粒的量。

从上述食材简单计量法看出，计量食物的多少可用匙来计量。1小匙等于1/3大匙的量，约为5毫升。把食材切成小块或压成汁后的10克相当于成人用匙的1匙或小儿用匙的2匙的量。

对于宝宝断奶餐中用量较少的调味料，也可用匙量取。一般粉末状的以1/4小匙的量为宜，粗粒状的调味料最多以1/2小匙的量为宜。一般6个月前的宝宝辅食中不添加任何调味料，以避免宝宝对食物产生过敏。当然，也可购买专用的小量杯，这种量杯上标明了刻度，非常容易量取。

其实，食材的多少不在于精确的刻度，或是用什么工具量取，而在于妈妈的心，只要妈妈们用心量取宝宝适合吃的量，宝宝就一定能健康成长。

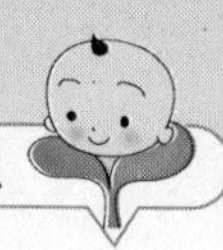

制作常识——巧手妈妈速成有方

刀、叉、案板、微波炉，苹果、青菜、鱼肉蛋，工具+食物，烹出美味断奶餐。很多妈妈都认为制作断奶餐是非常麻烦的一件事，但事实上只要你准备好工具和食材，懂得一些制作的常识，你就是一位巧手妈妈。

菜泥、碎菜的制作方法

蔬菜类食品是断奶餐中添加较早的辅助食品，父母们可根据宝宝的年龄来制作各种菜泥、碎菜。菜泥和碎菜的制作方法如下：

（1）将洗净的菜叶去茎后撕碎，放入已煮沸的水内，等水再沸腾后即捞起。

（2）放在干净的铜丝筛上，用匙刮或压挤捣烂，滤出菜泥。

（3）然后在锅内放少许油，油热后将菜泥倒入，翻炒几下。

（4）做好的菜泥可以加入粥、米粉等食物中给宝宝食用。

例如，将南瓜洗净去皮，去除瓤、子，切成小块，放入小碗中，上锅蒸15分钟取出，用小匙捣成泥，加入米汤调匀即成。

果汁、果泥的制作方法

果汁、果泥是宝宝辅食中最喜欢吃的食物，其味香甜，而且营养丰富，可增强宝宝食欲，有利于给宝宝添加更多辅食品种，使宝宝顺利断奶。

果汁、果泥可以用挤压、捣烂、用匙刮取等方法制作，也可利用家中常备的榨汁器、粉碎机制作。

① 挤压法

橙汁、橘汁可采用此法。将甜橙外皮洗净，切成两半，用力挤压外皮，使汁流出。橘汁也可采取上法制作，还可以剥去外皮，取出橘子瓣，撕开囊皮后挤压取汁。

② 刮取法

香蕉泥和苹果泥可采用这种方法。将香蕉剥去一面皮，用不锈钢小匙轻轻刮成泥状，即成香蕉泥。将苹果切成两半后去核，用小匙轻轻刮成泥状，即苹果泥。可以边刮边喂给宝宝吃。

③ 用粉碎机制作

各种果汁和果泥都可采取这种方法。将水果洗净，去除外皮和子，切成小块，倒入粉碎机中打成泥状即可；果汁可勾兑少许凉开水，调匀即成。

④ 捣烂法

西瓜汁、香蕉泥、草莓酱可采用此法制作。将西瓜切成两半，用匙捣烂瓜肉，舀出西瓜汁；将草莓洗净，捣烂后成草莓酱。

⑤ 用榨汁器制作

橙汁可采用这种方法制作。将甜橙切成两半，取一半，将其剖面向下覆盖在榨汁器上，轻压旋转，汁即流入器皿中。

泥糊状荤菜的制作方法

宝宝适应了谷类、水果、蔬菜等断奶食物以后，就需要添加荤食了。鱼、肉、蛋、猪肝、虾等荤食不仅含有大量蛋白质，还含有丰富的铁、锌、钙等矿物质，这些对宝宝的生长发育极为重要。由于此时宝宝还无法咀嚼、磨碎这些荤食，而且消化功能也未发育完善，因

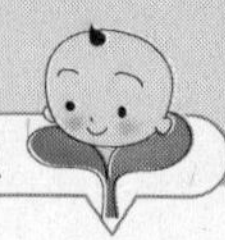

此，应将荤食制成泥糊状，使宝宝稍加咀嚼就能吞咽下去，并且可以被充分消化、吸收。常用的泥糊状肉食有鱼泥、虾泥、猪肝泥、肉泥等，制作方法如下：

鱼泥

（1）将鱼洗净后清蒸10~15分钟。

（2）去皮，去骨，去刺。

（3）将留下的鱼肉用匙压成泥状，即成鱼泥。

肉泥

（1）瘦肉洗净，去皮，挑去筋，切成小块，放到绞肉机里绞碎或用刀剁碎。

（2）加入淀粉、料酒、盐拌匀，放到锅中蒸熟即成。

专家提示

给宝宝吃的肉末，最好选用含脂肪较少的鸡肉、牛肉或猪瘦肉，避免宝宝摄入过多脂肪，导致消化不良、食欲不振，甚至引发肥胖。

猪肝泥

（1）将猪肝洗净后蒸熟。

（2）蒸熟后研磨成泥即成。

专家提示

猪肝常略带苦味，要注意调味的方法，避免宝宝不爱吃。泥糊状荤菜可以单独食用，也可与菜泥一起放入米糊、粥、面条中，搅匀后再喂给宝宝。

速冻食材制作断奶食品的方法

很多妈妈为了能更方便地制作断奶餐，常把食物加工后放入冰箱冷冻，但冷冻后的断奶食材往往不能很快融化，这该怎么办呢？

一般来说，加工前首先要将食物解冻，解冻必须是慢慢的，这是因为缓慢升温解冻时，食品体积变化缓慢，溶解的水会被食品细胞重新吸收回到原处，从而基本恢复成食品原来的状态。若急速升温解冻，则因溶解的水不能被食物重新吸收而形成“自由水”，并向外流，使食品中的营养成分一起流出而降低了食品质量。

为了留住食物中的营养，一般解冻的方法有以下两种：

❶ 微波炉解冻法

首先将一只小碟放在一只倒放的大而深的碟上，然后把食物放在小碟上，再放进微波炉解冻。在解冻过程中，溶解出来的水分不会烤熟食物。同时在食物解冻过程中，每隔5分钟将食物拿出来，加以翻转及搅动1～2次，可达到均匀解冻的效果。一般10～20分钟就可完全将食物解冻。

❷ 冰箱冷藏法解冻

一般常温下解冻，食物会在融化过程中被空气中的细菌污染，所以最好提前2～4小时将要烹调的食物放入冰箱冷藏室里，用保鲜膜包裹好，逐渐解冻即可。解冻食品要放在托盘里，以免融化的水污染冰箱。

此外，有一些速冻食品不用专门解冻就可以直接制作断奶餐。

❶ 高汤

保存前，可将高汤搅匀后倒入冰块模具，然后放入冰箱冷冻，成块后再用保鲜膜包裹好，等用时直接取出一部分，就可下锅烹调，非常方便。但注意汤一定要煮沸，以避免食物未彻底加热。

❷ 酱汁

保存前，也可如高汤一样分份，每份尽量少一些，倒入磨具中，用时取出一部分，用研磨器捣碎，即可使用。

❸ 主食类

主食多由米、面做成，解冻后，食物易粘在一起，尤其是面食，所以不宜解冻。保存时，最好分成多份，分开用保鲜膜包裹，放入冰箱冷冻。用时可将水煮沸，取其中一份下锅煮熟，捞出后就可做断奶餐了。

专家提示

解冻的食物应尽早加工烹饪，不应再冷冻。重复冷冻食物会使得营养大量流失，使之失去弹性，食物不再新鲜。

难处理的食材该怎么办

通常只要处理好食材，制作断奶餐也不是一件难事。而有些食材虽然宝宝爱吃，但处理起来十分费劲，如南瓜、鱼肉、牛肉、板栗、鲜橙等，因此，下面就介绍怎样处理这些食材。

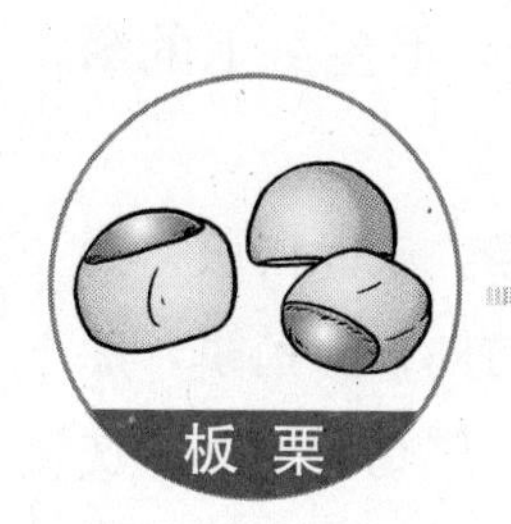

难题：板栗泥香甜好吃，但板栗的皮是很难去除的。

解决办法：先将带皮的板栗放入温水中浸泡30分钟，用刀在栗子尖处划口后，由上而下去皮，去皮后的板栗上还有一层难去除的薄皮，放入沸水中煮约10分钟，煮熟的栗子再用冷水浸泡1分钟，捞出，用小刀刮去内皮，再磨碎就能给宝宝吃了。可以一次多做一些，保存好。

难题：番茄虽好吃，但皮与根蒂不易去除。

解决办法：先将番茄洗净，在根蒂对侧用刀划个较大的“十”字，放入开水中烫一下，皮就会自然脱落，然后再将番茄切成两半，用刀将根蒂挖出即可。

难题：牛肉营养丰富，但肉不易熟烂，而且切起来很费劲。

解决办法：先将牛肉去净脂肪和筋，放入凉水中浸泡20分钟，去除血水，然后按照肌肉走向垂直切，切成约3毫米厚的肉片，最后放入沸水中汆煮片刻，捞出晾凉，切碎，再与其他食材一同烹制，多煮一段时间即成。

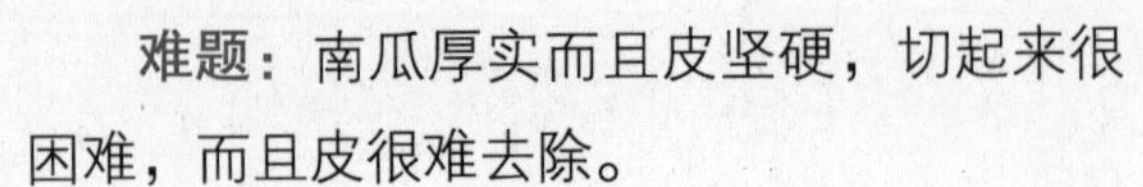

难题：南瓜厚实而且皮坚硬，切起来很困难，而且皮很难去除。

解决办法：刀切时，沿着条纹向下切，切成一块一块后，用匙挖去瓤、子；将刀紧贴南瓜皮，这样很容易就能把厚实的皮去除了，然后切成块，捣烂，蒸熟后就能给宝宝吃了。

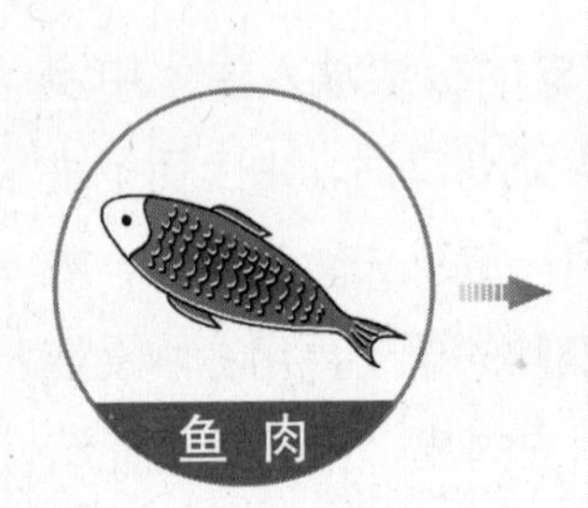

难题：虽然鱼肉鲜嫩，但鱼身上的鳞片、刺、骨都很难去除。

解决办法：先将鱼洗净，去除内脏，用刀或专用厨具沿着鳞的反方向去除鱼鳞，然后用不锈钢剪刀剪去鱼鳍、尾鳍，用水冲洗干净，放入水中汆煮至水沸捞出，这样就比较容易去除鱼骨和刺了。

难题：鲜橙是宝宝爱吃的水果，但皮质较厚，且不易去除，而且商家为了保鲜，常在表面涂有蜡。

解决办法：先用湿毛巾擦拭鲜橙表面，再用刷子在流水中刷洗，去除蜡，然后用刀切去两侧的蒂，由上至下去皮，这样皮能很快去除。为了避免果肉流失过多水分，可将果肉切块后，倒入研磨器中打碎，给宝宝吃。

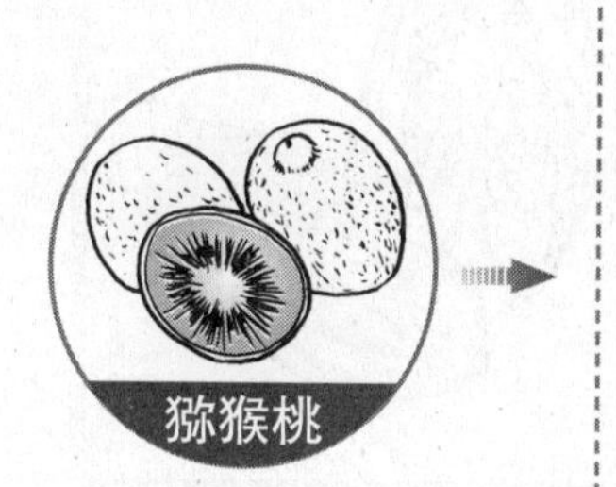

难题：猕猴桃皮不易去除，且易引起过敏。

解决办法：先用刷子在流水下将猕猴桃表面的毛刷净，然后用刀从蒂部竖着削去皮，用刀挖出蒂部坚硬部分，再次冲洗干净，切成块状，捣烂给宝宝食用。中心部分较难咀嚼，不宜给宝宝食用，可等宝宝满1周岁后再食用。

断奶食材的冷冻与存放方法

不同的食材有不同的存放要求。不当的存放方法会加速食物的变质，妈妈应当掌握一些简单、易行、有效的方法，使食材保持新鲜，令宝宝的餐桌饮食更加健康。

土豆

土豆适宜的储存温度为1～3℃。如果低于0℃，易受冻害；而高于5℃时，又易发芽，使淀粉含量降低，产生有毒的龙葵素。因此，在储存土豆时，应控制好储存温度，增加二氧化碳的浓度，延长存放期。

面粉

面粉容易返潮发霉，也易生虫，因此可将面粉用密封塑料袋装好，以塑料隔绝氧气，这样外界的空气就不易与面粉发生反应，也就不容易变质了。

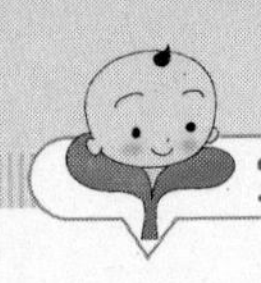

白菜

冬天可用无毒的塑料袋保存。如果室内温度过低，可把塑料袋从蔬菜的根部套上去，然后把口扎上；如果温度在0℃以上，可给白菜叶套上塑料袋，口不用扎，根朝下立在地上即可。

米粉

将米洗净后，放入足量的水泡30分钟。泡好的米放入筛子里去除水分，再放入搅拌器或果汁调配器中磨成粉，这样处理的米粉可放入封闭容器里，在冷藏室里保存一个月，每次用时可取适量烹制。

鲜肉

肉类是宝宝辅食中不可缺少的食物。但如果只是简单的冷冻，肉质不能真正保鲜，所以可以在冷冻前，在肉、动物肝脏表面涂抹一层食用油，这样就可以保持肉质的鲜嫩了。

豆芽

豆芽的缺点是不能隔夜，所以最好现买现吃。如果需要保存，可将豆芽原封不动地封在袋子里或装入塑料袋中密封好，再放入冰箱，最好不要超过2天。

糊或粥

如果只做一顿粥或糊的量，糊或粥很容易因水分蒸发太快而导致煳锅，所以一次性做多一些就不会煳锅。做多的粥或糊可以保存在冷藏室里。宝宝需要时，从冷藏室拿出来加热一下，就可以喂给宝宝了；如果要与其他食材混合，可以熬煮一下，这样味道比较好。

胡萝卜

胡萝卜是宝宝断奶餐中不可缺少的食物，但由于胡萝卜本身较硬，所以要煮熟捣烂后才能给宝宝吃，而且每次只有一点。为了避免麻烦，可将几根处理好的胡萝卜放入筛子中，滤干水分，适当压碎或切碎，分成多份，用保鲜膜包裹好冷藏，这样就不用每次都重复同样的工作了。

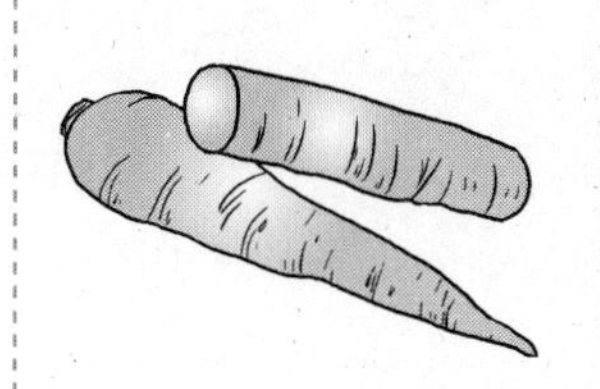

绿豆

绿豆吸潮性较大，会受虫蛀。可以将绿豆放在沸水中浸泡一两分钟，捞出摊开晾晒干透后，放入玻璃容器中保存。

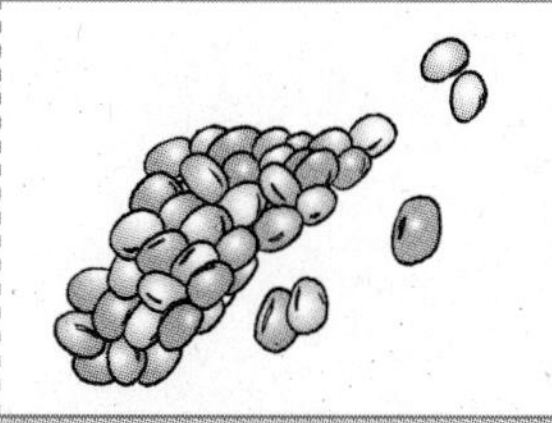

鸡蛋

鸡蛋在20℃左右大概能放1周，如果放在冰箱里，最多保鲜15天，超过15天的鸡蛋就不新鲜了。

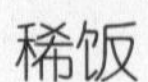

稀饭

在冷冻前先散热，但是注意散热时间不要太长。散热时间太长，水分会蒸发过多，解冻后再次食用时，会影响口感。按顿取分量，以40～50克为一份为宜，分好放入保鲜用的小碗中，包裹保鲜膜放入冰箱中即可。

第二章

1～3个月，断奶常识宜先知

宝宝刚出生睡眠时间比较长，这时妈妈们千万不要闲着，可以利用这段时间好好了解一些断奶的知识。千万不要小看这点，断奶是一件循序渐进的事，也是宝宝与妈妈默契配合的事，所以只有掌握方法，才能更好地应对宝宝断奶，否则不仅伤害了宝宝，还会伤害到自己。赶紧来做准备吧！

男宝宝的发育指标

	初生时	满月	2个月	3个月
身长	46.8~53.6厘米	51.9~61.1厘米	55.4~64.8厘米	57.8~67.4厘米
体重	2.5~4.0千克	3.7~6.1千克	4.6~7.3千克	5.2~8.3千克
头围	31.8~36.3厘米	35.4~40.2厘米	36.9~42.2厘米	38.4~43.2厘米
胸围	29.3~35.3厘米	33.3~40.3厘米	36.2~43.4厘米	37.4~45.1厘米

女宝宝的发育指标

	初生时	满月	2个月	3个月
身长	46.4~52.8厘米	51.2~60.9厘米	54.2~63.4厘米	56.8~65.3厘米
体重	2.4~3.8千克	3.5~5.7千克	4.2~6.8千克	4.9~7.8千克
头围	30.9~36.1厘米	34.7~39.5厘米	36.5~41.1厘米	37.5~42.5厘米
胸围	29.1~35.0厘米	32.5~39.8厘米	35.5~42.4厘米	36.6~42.8厘米

咱家宝宝的发育监测记录

1~3个月体格发育监测记录

	体重（千克）	身长（厘米）	头围（厘米）	胸围（厘米）	前囟（厘米）
满月时					×
2个月末					×
3个月末					×

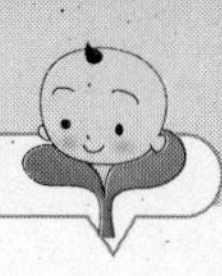

1～3个月智力发育监测记录（时间）

监测项目	出现时间
1个月时	
出现第一次微笑	第　月第　天
触碰手掌紧握拳	第　月第　天
对声音有反应	第　月第　天
自发细小喉音	第　月第　天
追视走动的人	第　月第　天
2个月时	
俯卧抬头离开床面	第　月第　天
握住拨浪鼓停留片刻	第　月第　天
立刻注意到大玩具（物件）	第　月第　天
能发出a、o、e等元音	第　月第　天
逗引时发出反应	第　月第　天
3个月时	
俯卧时，抬头距床45°	第　月第　天
握住玩具停留1分钟	第　月第　天
眼睛注视小球可旋转180°	第　月第　天
能发出笑声	第　月第　天
见人会笑	第　月第　天

饮食方案——断奶准备期知识储备

断奶是宝宝成长的必经阶段，从吃母乳到吃饭，宝宝要经历断母乳、断奶瓶和断奶嘴三个阶段，这每一个阶段对于幼小的宝宝来说都是一种挑战，所以需要循序渐进，切忌“一刀切”，同时在断奶过程中，父母不可疏远宝宝，要给宝宝更多呵护，逐步让宝宝喜欢吃饭。

准备断奶，母子不必完全“隔离”

故事再现

甜甜（化名）4个月了，妈妈准备上班，甜甜妈想：看不见妈妈，估计奶好断。于是和丈夫商量再三，决定把甜甜送回外婆家断奶，等宝宝回来，就可以吃辅食了。虽然有些心疼，但又无可奈何，只好狠心一回。结果并没有想的那么容易，送到外婆家后，临走时，甜甜就哭闹不休，接着整日哭闹，连晚上都哭，一点食物都不吃，吃了还往外吐，谁哄都没有效果，没几天消瘦了不少，这让甜甜遭罪了。

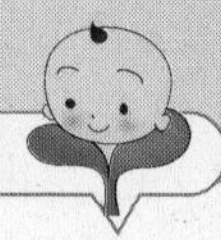

像甜甜这样长时间母子分离，让甜甜感到非常害怕，对妈妈产生极强的依赖感。甜甜哭闹、烦躁、不愿吃任何东西，就是因为想妈妈了，希望能回到妈妈的怀抱，找回安全感。

断奶虽然对宝宝的成长有利，但也要选择适当的时机，太早或太晚断奶都会对宝宝的成长不利。而且断奶不必完全母子分离，传统的“母子分离好断奶”的做法并不可取，有时不但没有让宝宝成功断奶，还会影响宝宝的身心健康，给宝宝幼小的心灵留下创伤，就像故事中的甜甜。

那么，怎样才能正确断奶呢？一般来说，0~6个月的宝宝多以母乳或配方奶为主，逐步添加适合宝宝成长的辅食，为断奶做好准备。辅食多以糊、粥、饭为主，从浓度、量上做适当调节，让宝宝逐步适应接近成人的饮食。通常正常发育的宝宝，在1岁左右就可以断奶了，最晚不宜超过2岁，这不仅对宝宝有利，对妈妈的身体也有帮助。一般春、秋季节，宝宝健康状况良好时，是给宝宝断奶的最佳时机。

断奶过渡别用狠招

故事再现

佳乐（化名）7个月了，为了给孩子断奶，佳乐的妈妈向母亲寻求帮助。佳乐妈妈想：毕竟是过来人，方法会多一些。母亲告诉佳乐妈妈，只要在乳头上涂一些辣椒水或是万金油，让宝宝对母乳反感，就能很快断奶了。佳乐妈妈听了母亲的话，就试验了一下，本想涂万金油的，后来想万金油含有化学药物，对宝宝不好，就改涂辣椒水了。结果，宝宝刚吃一口，就大哭起来，而且连续好几天拒绝吃任何食物，就连以前很爱吃的香蕉泥也吐了出来。这可急坏了佳乐妈妈，看着宝宝挨饿，于心不忍，不得以又开始重新哺乳，而且还得哄着吃才肯好好吃。

母乳是宝宝出生后最好的食物，不仅富含营养，而且在哺乳时还能增进宝宝对妈妈的信赖和安全感。因此，断奶一定要注意方法。这种在乳头上涂抹辣椒水、万金油的做法千万不可取。辣椒水、万金油属刺激物，被宝宝吸食后，容易刺激宝宝的口腔黏膜，诱发口腔炎症。对宝宝来说，简直就是一种“酷刑”，非但断不了奶，还会在无意中使宝宝的身心受到伤害，就像故事里的佳乐那样。

事实证明，只有在快乐的体验中宝宝才更容易断奶。父母可以采用循序渐进的自然断奶法，搭配游戏，父母交替陪护等多种方法为宝宝断奶，切忌仓促、生硬地一下子将奶断掉。

断奶前也要好好添加辅食

故事再现

欣然（化名）已经10个月了，妈妈经过1周的折腾终于给宝宝把奶断了。可是，接下来的两周时间，却让欣然的妈妈很是担心。断奶后的欣然，虽然每天也吃食物，但进食量大不如前，而且越来越少，宝宝看起来也有些消瘦，精神也不太好，总喜欢黏着妈妈。这几天更是什么也不吃，只喝一点配方奶，有时可以喂一点食物，但宝宝不往下咽，含含就都吐出来。欣然妈妈见状，赶紧带宝宝去了医院，后来医生告诉妈妈，宝宝患了营养不良症，可能是由于断奶不当造成的。妈妈听后吓了一跳，怎么会这样？宝宝一直都按照书上所说的吃，但为什么断奶后反而营养不良了？

事实上，宝宝断奶并非一朝一夕就能完成的事，需要循序渐进，而且在开始添加辅食时，就要注意宝宝的营养。一般来说，宝宝每天所需的热量大多由蛋白质、脂肪、糖类转化而来，如果在断奶后无法及时、合理地添加辅食，就会因营养素摄入不足而导致疾病的发生。所以，宝宝要断奶，营养非常关键，稍有疏忽，就会像故事中欣然宝宝一样。

若要避免这种情况发生，在断奶前一定要为宝宝好好添加辅食。添加辅食最好从宝宝4个月时就开始试吃，即使开始只吃一两口，也是非常好的，这对宝宝以后断奶都有好处。宝宝的辅食应以碎、软、烂为原则，辅食的种类以营养丰富、种类多样、细软、易消化为宜。

给宝宝喂辅食一定要用小匙，连续一周试着用匙子给婴儿喂一些果汁、汤等食物。如果发现宝宝的脸颊和舌头使下颌跟着运动起来，宝宝能顺利吞咽，就说明宝宝已经学会吃辅食了。接着，就可逐步实行断奶准备了。

虽然很多育儿书中的断奶餐看上去都很美味，但宝宝不一定都喜欢吃。如果烹制的断奶餐宝宝不愿吃，也不要硬喂，可以选择其他食物喂给他，如配方奶、婴儿饼干等，最好选择宝宝爱吃且容易消化的食物，这样不会引起宝宝对辅食的反感。

满3个月，尝试着逐渐用奶瓶

故事再现

静子（化名）出生已经4个月了，这几天静子妈妈非常发愁，因为考虑到自己再过两周就要上班了，所以从上周开始试着用奶瓶喂静子，可宝宝非常不配合，不管奶瓶里装的是什么，只要一放进嘴里，宝宝都会用舌头将奶瓶顶回来，什么都喂不进去。妈妈开始以为是静子不喜欢奶嘴，可能换一种仿真母乳奶嘴就可以喂进去了，但是几经折腾还是如此。这天，静子妈妈正在厨房里犯愁，静子爸爸看见了，决定今天由他来喂试试。静子爸爸先让妈妈将母乳装入奶瓶中，然后叫静子妈妈出门买菜，说妈妈不在家，也许会好喂一些，还说别急着回来，慢慢买。于是，妈妈嘱咐了几句，拎包出了门，心里一直默念着："但愿能有效。"大概2个小时后，静子妈妈回到家，此时见静子已经睡着了，以为爸爸成功了，但到厨房一看，奶依然在，还是没喂进去，再走进卧室，爸爸摇摇头，静子虽然睡着了，但哭红的小脸让人心疼得不得了。于是妈妈决定放弃，等宝宝长大些再试。

婴幼儿时期，奶瓶是宝宝最常用的食具。给宝宝断奶，奶瓶一定要从3个月起开始逐步让宝宝适应，但很多宝宝并不愿意吮吸奶瓶，这让父母很烦恼。那么，宝宝为什么不愿意吮吸奶瓶呢?

通常人工喂养宝宝一出生就用奶瓶，所以并不排斥奶瓶，但母乳喂养和混合喂养的宝宝就很难接受奶瓶。其原因很多，建议父母仔细体察，寻找原因。

首先要确定宝宝是不喜欢奶瓶还是不喜欢奶粉。可以用小匙给宝宝喂一点配方奶，如果宝宝接受了，那多半是奶瓶与奶嘴的问题了。奶嘴不像妈妈的乳头那么柔软，刚开始可以多给几种不同类型的奶嘴，让宝宝挨个尝

试，挑选最适合的，等宝宝适应后，最好不要频繁更换奶嘴的品牌，避免造成宝宝对奶嘴不适应而不吃奶。奶嘴流量要控制好，可以观察宝宝吃奶是否费力，如果宝宝吸吮时小脸通红，那应该考虑流量大一些的奶嘴。

选好适合的奶嘴后，可以先用奶瓶逗逗他，然后喂他吃几口，使他熟悉奶瓶。接着在他情绪稳定的时候多用奶瓶给他喂食，让宝宝熟悉并接受奶瓶的进食方式。宝宝开始吃配方奶后，要多补充水。父母可将稍带甜味的水装进奶瓶中，用甜味勾起宝宝的吮吸欲望，逐渐习惯奶瓶。

对于不喝配方奶的宝宝，如果母乳充足，妈妈可将乳汁挤出，装入奶瓶中让宝宝吮吸，减少宝宝的厌烦情绪。

对于依赖性比较强的宝宝，可能不会轻易妥协，可换个人来喂，由爸爸或是宝宝熟悉的其他人给他喂奶。非要妈妈喂时，妈妈可以将宝宝放在大腿上，让宝宝的头朝外，用奶瓶给他喂食。使宝宝尽量少接触乳房，这样对宝宝断奶也有利。

对于总是拒绝使用奶瓶的宝宝，妈妈可以选择宝宝心情好的时间，把奶瓶装好带甜味的水或果汁，宝宝可能在玩耍时不经意间接受奶瓶。

让宝宝接受奶瓶需要循序渐进，父母要有耐心，刚开始宝宝可能会又哭又闹，又踢又打，表达自己不愿意，但只要讲究方法、坚持不懈，等宝宝适应了、接受了，他就会乖乖用奶瓶喝奶、喝水的。因为他知道肚子饿时，只有奶瓶可以满足他的需要。

3个月后，换个人给宝宝喂奶

故事再现

洋洋（化名）已经10个月了，吃辅食吃得比较好，白天喝4次母乳，不喜欢喝配方奶。洋洋妈妈虽然已经上班好几个月了，但还是坚持给宝宝喂母乳，最近发现母乳越来越少，所以和洋洋爸爸商量准备给宝宝断奶。今天天气很凉爽，洋洋妈妈和洋洋爸爸专门请了两天假在家，洋洋妈妈看书上说，断奶要换个人喂，最好妈妈不要亲自喂宝宝，于是洋洋爸爸主动说："那就我来喂吧！"可洋洋妈妈担心地说："你行吗？从来没喂过。洋洋能跟你吗？"洋洋爸爸说："没问题，不就是给洋洋喂饭、喂奶嘛！这个我会。"洋洋爸爸抱起洋洋，洋洋妈妈则把奶瓶给了洋洋爸爸。刚开始，洋洋还冲着爸爸笑，可刚把奶瓶拿起来准备喂他，洋洋大哭起来，似乎知道什么似的，没命地找妈妈，怎么哄都不行，小手不停地朝妈妈那个方向抓，这可心疼死洋洋妈妈，赶紧过来抱洋洋，想等洋洋不哭了，再让爸爸喂，但结果不是想的那样，洋洋不干了，只要爸爸一拿起奶瓶就哭，弄得爸爸不敢再喂了，看来这次断奶失败了。

宝宝到3个月时，已经开始认人了，知道平时是谁在给自己换尿布、谁在给自己喂饭，如果每天如此，宝宝就会形成一种习惯，认为：妈妈来就是该吃饭了，爸爸来就是给自己换衣服的。但当爸爸、妈妈变换角色时，宝宝就会产生恐慌，认为：一定有什么事发生。如果这样给宝宝断奶，宝宝就容易哭闹，就像故事中的洋洋一样。

为了避免这种情况发生，最好在宝宝满3个月后，换个宝宝熟悉的人喂奶，如爸爸、外婆、奶奶、爷爷等，只要是宝宝熟悉的

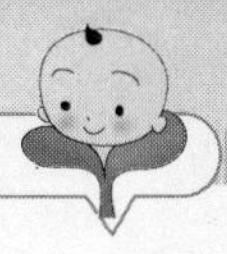

就可以。这样不仅可以让宝宝逐渐适应其他人喂自己，避免哭闹不休的状况，而且对未来断奶也有好处。

虽然换个人喂宝宝是好事，但如果方法不正确，也会让宝宝感到恐慌，从而不愿意让其他人喂自己。一般喂养方法最好与妈妈的一致。

抱起宝宝时要轻柔，爸爸可以选择一个舒服的坐姿，在宝宝颈部垫一条棉质手巾，防止宝宝发生溢奶弄湿衣服。

虽然用奶瓶喂，妈妈可将母乳挤出保存在奶瓶里，到宝宝的正常进食时间时，由爸爸或是宝宝熟悉的其他人给他喂奶。开始，宝宝会因为不习惯而产生不快乐或恐慌的情绪，这时爸爸可以用亲切的语言和眼神与宝宝交流，也可用手轻轻晃动宝宝的小手，也可抱着宝宝靠近脸颊，使他转过头来并张开嘴巴，用奶嘴碰碰宝宝的小嘴，或是让宝宝沾一些奶液在嘴边，勾起宝宝吃的欲望，等宝宝逐渐熟悉时，再开始喂。

喂奶时，可以让宝宝斜躺着，这样比较容易吞咽，奶瓶也要倾斜着拿，使整个奶嘴充满奶水而没有空气。给宝宝喂完奶后，一定要记得给宝宝拍嗝。拍嗝时，爸爸要将手指并拢，扣成杯状，轻轻拍打宝宝背部。要记得用干净的、较厚的棉质毛巾铺在肩膀上，因为宝宝此时可能会溢出一些奶水。

对于吸吞协调能力较差的宝宝，爸爸可以在宝宝喝奶中途休息时，分段拍背排气，不一定等到奶全部喝完再拍。此外，一定要注意清洁奶具，避免污垢滋生细菌，影响宝宝的健康。

换一个宝宝喜欢的人喂奶

一般来说，月份较小的宝宝比较容易接受新的事物，所以只要有足够的耐心，是可以以此来取代妈妈喂养的。当然，也有一些宝宝十分依赖妈妈，并且不容易妥协。这样的宝宝爸爸妈妈不要一味勉强他，还是由妈妈来喂。不过，要变化喂养的姿势或方法，提醒宝宝进食方式有变化。比如，让宝宝坐在妈妈怀里，用奶瓶喂养。宝宝进食时，家庭成员可以在一旁与宝宝交流，等宝宝情绪愉悦时，再换人喂，让宝宝逐步习惯这种进食方式。

专家提示

在换人喂养期间，也许宝宝会哭闹，甚至拒食，因此父母要有充分的思想准备，耐心和决心对改变宝宝都非常重要。

“罢奶”不等于“自我断奶”

故事再现

“我家宝宝好几天不吃奶了，一见母乳就开始哭闹，您看是不是该断奶了？”佳佳妈妈着急地给家庭医生打电话询问。佳佳（化名）刚满7个月，最近对母乳相当抗拒，一见妈妈给自己喂奶就大哭起来，有时弄得妈妈不知道怎么办，听说宝宝到一定时间会“自我断奶”，于是特地咨询一直指导佳佳喂养的家庭医生。

一般来说，1岁以下的小婴儿，在没有任何明显理由的情况下，突然拒绝吃母乳，而且持续好几天都不吃奶，一见父母来喂奶，宝宝会哭闹起来，这叫做“罢奶”，也被称为“生理性厌奶期”。“罢奶”一般较为常见，多发生在宝宝4个月以后、1岁之前这段时间里，通常症状会持续一周左右，以后随着运动量增加，消耗增多，食欲又会逐渐好转，吃奶量恢复正常。通常，1岁以内的宝宝是不会“自我断奶”的，会“自我断奶”的宝宝都在1岁以上，此时宝宝已经开始吃固体食物，会直接用杯子喝

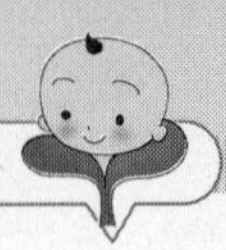

水，而且一次只对一天中的某一次喂奶失去兴趣，需要几个星期或者几个月时间才完全断掉母乳。因此，父母应学会分辨，是宝宝“罢奶”，还是准备好了要“自我断奶”？不要轻易地做出断奶的决定，避免宝宝因断奶而影响正常的生长发育。

其实，“罢奶”是宝宝在用他自己独特的手段来告诉妈妈：有什么事情出差错了。一般“罢奶”的宝宝往往对辅食或水的进食并不感兴趣，也许第一天吃奶还很正常，结果第二天就会完全拒绝哺乳，而且情绪非常烦躁。面对这种情况，就需要妈妈用特殊的智慧分析到底出了什么问题。通常，妈妈们可以做以下考虑：

（1）宝宝是否感冒了。咽喉肿痛或鼻子堵塞，都会让宝宝在吃奶时感到不舒服，于是烦躁地“罢奶”。

（2）宝宝要出牙了。出牙时，牙龈会红肿，当吮吸母乳时，牙床会疼痛，宝宝会因此而拒绝吮吸一切食物，包括用奶瓶喝果汁或水。

（3）宝宝耳朵疼痛。在给宝宝洗澡或洗头时，有时会将水溅入宝宝耳朵，如果引起炎症，宝宝吃奶时会更疼痛，于是拒绝吃奶。

（4）宝宝吃奶的环境是否受干扰较多，过于嘈杂。当宝宝不能安心吃奶时，会感到烦躁，于是拒绝吃奶。一般家中有大的变动时，如请客、搬迁、外出等，都会引起宝宝“罢奶”。

（5）妈妈是否没有在宝宝吃奶的时间让宝宝吃奶，或是宝宝还没吃饱，妈妈就忙别的事去了，这会引起宝宝的不满，导致“罢奶”。

（6）妈妈是否改变了哺乳方式，让宝宝感到很不习惯，导致“罢奶”。

（7）妈妈最近是否陪宝宝

较少，冷落了宝宝，宝宝感到不满，引起“罢奶”。

（8）妈妈最近是否为什么事情感到焦虑或者难过，这种情绪感染了宝宝，让宝宝感到不安，引起“罢奶”。

（9）宝宝出牙后，吸奶时咬疼了妈妈，妈妈的反应吓到了宝宝，产生了恐惧，引起“罢奶”。

（10）一些特殊情况宝宝不能直接吮吸母乳，让宝宝很烦躁，所以拒绝吃奶，如舌头磕破了、嘴唇干裂等。

由此可见，在生活中，妈妈的一举一动都会影响到宝宝吃奶的情绪，一时的疏忽，都会使宝宝对吃奶不再感兴趣。因此，当宝宝不吃奶时，妈妈一定要腾出几天时间把全部精力放在宝宝身上，多抱一抱、多爱抚宝宝，多与宝宝有直接的肌肤接触，让宝宝远离家庭的嘈杂，单独安安静静地和妈妈相处一段时间，使宝宝慢慢对吃奶感兴趣，千万不要因为宝宝不吃了，就盲目地给宝宝断了奶。

专家提示

当宝宝不吃奶时，不要强迫宝宝，妈妈要有耐心和毅力，除关心宝宝外，还要注意定时频繁挤奶以保证母乳分泌量不下降，坚持几天，相信宝宝最终会回到妈妈的怀抱中。

临断奶，加些配方奶慢慢过渡

故事再现

媛媛（化名）已经满6个月了，媛媛妈妈因为奶水不足，一直想给媛媛早断奶，于是咨询了医生，医生告诉媛媛妈妈："你家宝宝还小，奶是不能缺的。如果要断奶，就一定要给宝宝提前添加配方奶，配方奶属于母乳化奶粉，其成分与母乳较相似，而且宝宝喝了也较易吸收。但每个宝宝的爱好不一样，一定要给宝宝喂她爱喝的那种才好。"媛媛妈妈听后，倍感欣慰，终于不用担心宝宝断奶后没奶吃了，于是准备照医生说的那样做。

对于0～3岁的宝宝来说，配方奶是最贴近母乳的代乳品，配方奶中可以强化添加蛋白质、钙、锌、B族维生素、维生素C、维生素A等多种营养素。一般6个月以内母乳不够的宝宝和6个月以上进入断奶期的宝宝都需要逐步添加配方奶，以满足宝宝生长发育对营养的吸收需求，而且对断奶也有好处。

妈妈在给临近断奶的宝宝添加配方奶时，需要讲究方法。首先要选择适合宝宝吃的配方奶。给宝宝添加的奶粉应是微黄色的末，颗粒均匀一致，且没有结块，闻起来有股淡淡的清香。用温开水冲调的时候，奶粉会完全溶解，且没有沉淀物，奶粉和水没有出现分离的现象，这样的奶粉是安全的。妈妈可以先从市场上买来配方奶的试用小

包装，依次给宝宝品尝，直到找到宝宝爱喝的那种，就可开始给宝宝添加了。

刚开始每天保证2次喂配方奶，让宝宝多接触，多品尝。每次冲奶粉时，要注意方法，按照说明冲调。首先妈妈要洗净双手，将定量的40～60℃的温开水倒入奶瓶内，再加入适当比例的奶粉，轻轻摇匀即可。注意不要大幅度摇动奶瓶，否则空气进入奶瓶，被宝宝吃到肚子里，会发生腹胀或者吐奶的现象。

喂奶时，奶温要以不烫手为宜，可以挑选宝宝饿的时候，让宝宝先吃几口。如果宝宝愿意吃，就整餐都喂配方奶，如果宝宝不愿意吃，妈妈也可给宝宝喂母乳。宝宝喝不完的奶应倒掉，千万不要留到下次再喝。因为奶中的营养素易被氧化变质，宝宝再次喝后易产生腹泻等不适症状。妈妈也可一次给宝宝少冲一些，不够时再加。

当宝宝适应一种奶粉后，短时间内不可再给宝宝频繁更换配方奶的品种。频繁换奶易让宝宝产生拒食、消化不良甚至过敏反应。尤其在宝宝临断奶时，更容易出现这些症状。如果必须更换，可从少量开始，逐渐过渡到需要喂养的量，整个过程大约需要1个星期。更换时间也需注意，最好在宝宝心情愉快、食欲较好的情况下，忌在夜间睡前、宝宝生病或接种疫苗期间给宝宝更换配方奶。

回奶宜科学，速效断奶法不可取

故事再现

滔滔（化名）刚满6个月，因为滔滔妈妈的产假快结束了，而且听同事说6个月后奶水的营养开始变差了，于是与老公商量再三，决定给宝宝添加配方奶，给宝宝把奶断了。滔滔妈妈给滔滔买了好多种奶粉，让滔滔品尝，经过一番折腾，滔滔还挺配合，接受了配方奶的口味，滔滔妈妈此时感觉还比较欣慰，但到了晚上身体的反应开始强烈了。此时，滔滔爸爸刚把滔滔哄睡，便见

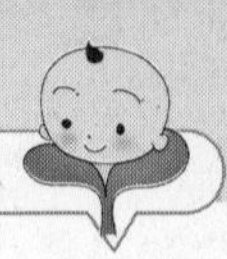

妻子愁眉紧锁，于是赶忙凑过去问："老婆，你怎么了，是哪儿不舒服吗？"滔滔妈妈说："乳房胀得厉害，一天没喂滔滔了，这感觉真是不好受，疼得不行。"滔滔爸爸见妻子这样，于是说："我带你上医院问问吧，总这样晚上怎么休息啊。"滔滔妈妈说："没事，忍两天就好了。"于是用毛巾束缚住乳房，用胶布封住乳头，想减轻疼痛。结果第二天，滔滔妈妈就开始有些发热，乳房还是疼痛，本想是正常现象，只要不喝水、不喝汤，很快就会过去的。结果没想到滔滔妈妈不仅没有回奶，而且高热不退，乳房疼痛难忍，这可急坏了滔滔爸爸，于是赶紧去了医院，经检查，滔滔妈妈患上的是乳腺炎，需住院治疗。

随着工作压力的增大，许多准备上班的妈妈对母乳非常没有信心，于是决定在上班前，盲目地采用"速效断奶法"，甚至用毛巾勒住胸部，用胶布封住乳头，帮助自己回奶，让宝宝彻底断奶。但结果往往不如人意，就像故事里的滔滔妈妈一样，不仅忍受痛苦，而且还引起了乳腺炎，使身体遭罪。其实如果采取科学的断奶法是不会发生这种状况的。因此，回奶一定要用科学的方法，那种速效断奶法不可取。

断奶前减少哺乳次数

一般来说，回奶的方法主要有自然回奶和人工回奶两种。母乳时间长达10个月至1年，一般从宝宝10个月起，乳汁的分泌量就会逐量减少，直至宝宝断奶后，就会自然回奶，不再分泌乳汁。而许多上班妈妈常常不能等到自然回奶后再去上班，因此可采用科学的人工回奶方法。一般可按照下列方法进行：

（1）准备回奶前，到药店

买些麦芽，每次用60~120克煎水当茶喝，每日1剂，坚持喝3天；奶水较多的妈妈，可连喝5天。麦芽味甘性平，具有行气消食、健脾开胃、退乳消胀的功效，对回乳非常有帮助。

（2）回乳期间，妈妈的饮食要清淡，少吃肉类或其他蛋白质含量丰富的食物，忌食豆浆、土豆等催乳食品。

（3）当妈妈感觉乳房胀痛时，口服维生素B_6可以起到收奶的作用，但一定要按说明服用，避免过量，对身体不利。

（4）回乳期间，应尽量少与宝宝亲密接触，也不好总去想宝宝，听到宝宝哭时，应尽量回避，否则会条件反射催奶，凡事多由爸爸或宝宝熟悉的人来做。

（5）尽量不要挤奶，因为这样很容易再次分泌更多的乳汁。如果乳房胀得很厉害，可以用热水敷一会儿，让它自己流出一些，千万不要挤，否则就前功尽弃了。

（6）回奶期间，如果有发热或乳房胀痛、发生炎症时，可以先吃些牛黄解毒片，一般第二天就会没事。如果第二天仍然不退热，就要及时去医院就诊。

（7）通常医院里有一种回乳针剂，对奶水特别多而且回乳较难的妈妈，可以去医院打针。但建议一般不要去打针回乳，毕竟“是药三分毒”，有利也有弊。

如果妈妈因患病而不得不回乳断奶，最好去医院找中医开组合方剂，这样对身体的恢复与回乳都会有帮助。

亲子方案——断奶准备期和宝宝玩什么

1~3个月的宝宝虽然只会躺着，但触觉感非常强，所以游戏可以偏向触摸宝宝的身体。此外，准备开始断奶，可以先让宝宝尝试一些小勺的感觉，这样对进行断奶也非常有利。

跟着木偶动动眼

游戏步骤

（1）准备一个指偶，套上指偶，让它晃动，并叫着宝宝的名字，让指偶上下移动，看宝宝的视线是否能跟着动。

（2）宝宝听到大人叫他的名字，会去看大人，但宝宝并不会把注意力转移到指偶上，所以大人要让指偶轻轻晃动，并用各种夸张动作，让宝宝注意到指偶。

（3）当宝宝看着指偶时，大人要摇摆指偶，并让宝宝的视线跟着运动，直到宝宝困倦。

父母须知

这个游戏可锻炼宝宝的视觉能力，并启发宝宝的智力。但需要注意的是，游戏可搭配故事或对话，不要一直晃动指偶，避免宝宝失去对游戏的兴趣。游戏一段时间应注意让宝宝休息，避免用眼过度。

宝宝跟你握握手

游戏步骤

（1）大人把食指放在宝宝

手心中让他握住，同时对宝宝说“拉拉手，你好”，然后左右摇摆，让宝宝有所体会，会逐渐学会主动握住大人的手指，高兴地随着大人上下左右摇动，长时间不松开。

（2）随着反复训练，会出于无意识反应或者各种情况而紧握你的手指不放，此时你要面带笑容，并说着简单的词句，带着宝宝的小手上下移动，他能慢慢理解握手的含义。

父母须知

这个游戏可锻炼宝宝小手的抓握能力，促进父母与宝宝的情感交流，初步让宝宝理解表示友好的手势，促进宝宝社会性发展。值得父母们注意的是，不要太用力，只要轻轻摇晃，让宝宝感到兴奋、愉快即可，游戏时最好双眼看着宝宝，让宝宝学会看人。

条件反射笑一笑

游戏步骤

（1）让宝宝躺好，用手轻挠宝宝的身体，摸摸他的脸蛋，用愉快的声音、表情、动作逗引宝宝，让宝宝感受到快乐。

（2）此时，宝宝的目光渐渐变得柔和，而且眼角会出现细小的皱纹，嘴角会上扬，露出欢快的笑容，有时还会发出“咯咯”的笑声。

（3）由于宝宝的挠痒部位不同，所以父母要掌握宝宝“痒痒肉”的所在，挠痒的同时常给宝宝做鬼脸，逗引宝宝发笑。

父母须知

这个游戏可让宝宝学会逗笑的反射，这样有利于宝宝语言的发展。一般在宝宝出生后14天就可以开始，爱笑的宝宝招人喜欢，而且活泼的性格也会让宝宝今后的学习更加自信。值得注意

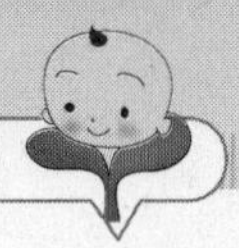

的是，挠痒时，要注意手法，避免弄疼宝宝。

用小匙吃饭

游戏步骤

（1）准备一个适合宝宝的软头匙，用小匙舀起1/2的水或奶汁，对宝宝说“宝宝张嘴，啊”，边说边给宝宝模仿，引导宝宝跟着做。

（2）等宝宝张嘴时，轻柔地送进宝宝舌中部，小匙略为倾斜，将汁水送入宝宝口腔。此时，宝宝会做吞咽状，但由于还不完全习惯，汁水会从咽部返回口腔，所以喂下汁水后，小匙仍留在舌中部，接住返回的汁水，再让宝宝吞咽。

父母须知

这个游戏可以让宝宝适应用匙子，学会见到匙子就张口，为以后喂辅食做准备，逐渐改掉吮吸奶瓶的习惯。值得注意的是，刚开始可能很难将汁水或钙剂全部让宝宝吞咽下，所以父母一定要有耐心，慢慢让宝宝适应，也可让宝宝摸爸爸的喉结，跟着爸爸学习吞咽，这样宝宝会更有感触。

走出困惑——断奶准备期的知识问答

断奶并不是一件容易的事，有时需要“全家动员”，分工合作才能办到，所以当妈妈遇到困惑时，一定要求助身边人，多咨询，多实践，寻找适合的方法，让宝宝顺利断奶。下面就为你解答几个常见的困惑问题。

什么时候断奶合适，怎么判断

问：我家宝宝6个月了，因为要上班了，所以我想给宝宝断奶，但听朋友说现在提倡自然断奶，我现在给宝宝断奶合适吗？怎么才知道宝宝该断奶了？

答：通常，断奶初期会出现小信号，比如，当家人都在吃饭时，宝宝会对桌上的食物感兴趣，而且抬头想要抓食物，嘴角流下口水。此时，父母们就可以考虑给宝宝添加辅食了，为断奶做准备。当然，也要考虑气候、环境、宝宝的身体状况等因素，一般第一次添加辅食最好选择宝宝心情愉快、天气晴朗的春秋季节，这样宝宝比较容易接受。

试着喂辅食，但一喂就吐怎么办

问：女儿5个多月了，给她喂辅食她都不吃，匙刚一进嘴巴，她就吐出来，这该如何是好啊？

答：面对这种情况，父母首先要查找原因。一般要考虑以下几点：

❶ 宝宝是否会吞咽

第一次吃辅食，大多数宝宝可能会以吸的方式来吃，不懂得如何吞咽。因此，妈妈最好用小匙喂宝宝，先给宝宝做示范，如张大嘴巴，将汤汁含在口腔内，然后做吞咽动作，教宝宝学会吞咽。

❷ 辅食是否太干，不容易吞咽

宝宝的辅食尽量不要太干，尤其是吞咽能力不好的宝宝，应逐步从稀过渡到干，按顺序给宝宝添加，切莫操之过急。

❸ 宝宝是否不爱吃这种辅食

每个宝宝的爱好都不同，辅食有酸、甜、咸、苦等多种口味，当发现宝宝不喜欢吃这种口味的辅食时，妈妈一定要给宝宝更换，寻找宝宝最爱吃的辅食。

❹ 宝宝的口腔是否有炎症

宝宝患口腔炎症时，辅食会摩擦炎症患部，疼痛会让宝宝大哭不止，而且出现拒食症状，此时最好给宝宝喂一些较凉的果汁或凉白开，如果宝宝不吃，可以给宝宝奶喝。

❺ 辅食是否太烫

宝宝口腔黏膜较薄，很容易被辅食烫伤，所以辅食一定要晾至温热（与手背温度一致）才可以给宝宝。

喂辅食要讲究方法，最好选择宝宝心情好的时候，尤其是第一次喂，要顺着宝宝。辅食的口味要清淡，最好是原汁原味。要知道对宝宝来说，并不是味甜、味香、味重就是好吃的，少盐、少糖对宝宝身体更有益。

其次要注意喂的量，最好每次只给一点点，别给太多，一次只给宝宝一种新的食物。如果宝宝爱吃，等宝宝吃完后要细心观察有无异常，如大便、身体状况、皮肤状况等。如果连续吃几天宝宝都没有出现异常就是宝宝适应这种食物；反之，则需停止食用，即便是宝宝爱吃也不能给，可以等到宝宝过敏症状完全好之后2周，再给宝宝试着吃一点。

如果怎么做宝宝都不爱吃，就不要勉强了，换其他食物或方法再试。例如宝宝不吃果泥，可以给点菜水、菜粥尝试。如果宝宝不爱吃煮苹果，可以给他刮苹果泥尝试，也可打苹果汁给他喝。只要多尝试，就会好的。

断奶早了，会不会影响母子感情

问：我家宝宝刚满7个月，但因为我患了乳腺炎，医生说我身体较虚弱需要调理，而且乳房炎症也不适合再母乳喂养了，所以决定给宝宝断奶，可宝宝还这么小，我真怕断奶早了，会影响母子感情?

答：一般来说，只要采用科学的断奶法是不会影响母子感情的。开始断奶时，妈妈必须给宝宝寻找适合的代乳品，最好选择配方奶；如果宝宝肯吃辅食，妈妈要注意合理搭配。建议妈妈采取逐步断奶的方式，即逐渐拉长母乳的哺喂间隔，减少哺喂频次，奶摄入不足部分可以用配方奶代替。或者可以只在夜间喂奶，并逐渐断掉夜奶。这个方法的周期比较长，一般要1～2个月时间，但对母子的伤害都会降到最低，宝宝比较好适应，妈妈也不会有失落感。

科学断奶
不会影响母子感情

断奶时，宝宝很少会接触妈妈的身体，因此为弥补这一点，在宝宝断奶后，妈妈一定要腾出时间专门陪陪宝宝，如给宝宝喂饭、陪宝宝玩耍、哄宝宝睡觉、用温柔的话语和目光与宝宝对话，增进母子感情，尽量减小影响，让宝宝感受到妈妈的爱。宝宝在1岁前记忆能力还较弱，等长大后宝宝可能会忘记这段不愉快的时间。这样一般是不会影响母子感情的。

专家提示

弥补对宝宝的爱不等于什么都惯着宝宝，这对宝宝的成长是不利的，妈妈需要把握好度，不要把母爱演变成溺爱。

第三章

4个月，断奶初期养育方案

断奶对宝宝来说，是一个艰难的挑战。要知道，让宝宝开始接触陌生的食物，并不是一件容易的事情。断奶的食材用量很少，需要认真磨碎并煮熟才行。妈妈烹制时可能会感到很麻烦，但是妈妈要和宝宝共同面对这个挑战，要知道，妈妈的爱心将是宝宝最大的动力。

本月宝宝的发育指标较前三个月来看，身长增长速度缓慢；体重增长速度缓慢；头围增长速度开始比胸围减慢；胸围实际数值已开始超过头围。

具体指标如下表：

	男宝宝	女宝宝
身长	59.7～69.2厘米，平均约64.5厘米	58.5～67.6厘米，平均约63.1厘米
体重	6.8～8.9千克，平均约7.2千克	5.3～8.3千克，平均为6.8千克
头围	39.4～44.1厘米，平均约41.8厘米	38.5～43.2厘米，平均约40.9厘米
胸围	38.5～46.2厘米，平均约42.1厘米	37.2～44.5厘米，平均约41.3厘米

4个月末宝宝个性化档案

体能与智能发育记录

姓名：____________________

昵称：____________________

民族：____________________

体重：___________________ 千克

身长：___________________ 厘米

头围：___________________ 厘米

胸围：___________________ 厘米

前囟：______________ × _____________ 厘米

出牙：________颗

俯卧时，抬头距床90°：第________月第________天

摆头并注视较大的玩具：第________月第________天

听到声后可以找到声源：第________月第________天

会咿呀作语：第________月第________天

认得亲人的脸：第________月第________天

饮食方案——断乳初期给宝宝吃什么

进入第4个月，宝宝断奶进程逐渐拉开序幕。虽然宝宝还在正常吃奶，但为了以后能更容易断奶，妈妈们要从现在起给宝宝添加辅食。宝宝该吃什么？到底该怎么安排？何时添加合适……这一系列的问题是妈妈最为关心的。要想知道该怎么做，就来看看下面的方案吧！

流质食，断奶食初步尝尝“鲜”

有经验的妈妈可能都知道，宝宝在第一次品尝断奶食时，都是以吸的方式吃。有些宝宝甚至在吃的时候喷得满脸都是，也有的宝宝因为总吸不上而大哭起来。因此，首次给宝宝添加辅食时，流质食物是最佳选择。

流质食物是一种食物呈液体状态、在口腔内能融化为液体，比半流质饮食更易于吞咽和消化的无刺激性食物，如稠米汤、藕粉、麦片粥、各类蔬菜水、各类果汁、肉汤等。添加的量从少量开始，即1～2匙开始，以后逐步增加。

由于宝宝吞咽能力较弱，首次添加辅食时，要注意喂养方法。喂时，可用小勺取少量汤汁，压住宝宝的舌头，送入宝宝口腔底部，小勺不要急于取出，待汤汁回流到口腔后，用小勺接着再次给宝宝喂下。

一般添加一种食物后，需观察3～7天，没有过敏反应，如呕吐、腹泻、皮疹等，再添加第2种。如果宝宝有过敏反应或消化吸收不好，应该立即停止添加食物，等待一周后再试着添加。按照这样的速度，宝宝1个月可以添加4种流质断奶食。

其实，断奶食的意义不仅在营养供求上，更是在于吞食固体食物的练习上，让宝宝逐渐掌握吃食物的技巧。

果汁不能作为第一个断奶食，那是因为它不仅会刺激4个月宝宝未成熟的肠道，还容易引起腹泻，而且已经习惯于甜味的宝宝容易拒绝清淡的米糊。因此先吃加蔬菜的米糊以后再喂果汁为宜。

大米糊，断奶食的最佳选择

一般来说，添加的流质食物首先从大米糊开始。

大米营养丰富，含有糖类、维生素B_1、维生素B_2、膳食纤维及钙、磷、铁、锌等营养物质。米粥具有补脾、和胃、清肺功效，常吃还可刺激胃液分泌，并对脂肪的吸收有促进作用，亦能促使奶粉中的酪蛋白形成疏松而又柔软的小凝块，使之容易消化吸收。此外，大米在所有食物中最不易引起过敏且易被肠胃消化吸收。所以，第一个断奶食的最佳选择是大米糊。

首次添加时，需制作与母乳浓度相近的10倍米糊，以后逐步加浓。其制作方法如下：

大米糊：

原料：泡米20克，水200毫升。

做法：米泡3小时，用搅拌器磨碎；把磨碎的米和水倒入锅里，煮开后再调小火充分熬煮，

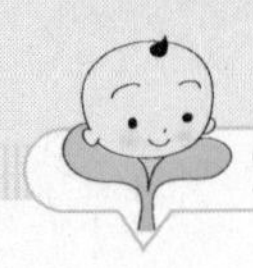

煮好后，用滤网过滤，晾温后即可给宝宝喂食。

喂食后，需观察小儿食欲、大便等情况，如一如往常，即可放心添加。宝宝逐渐熟悉大米糊后，还可在米糊中加入蔬菜汁、果汁，增加米糊的味道。

专家提示

一定要购买优质大米。米味清香，吃时无异味，易被咬碎，可尝到淀粉味，抓起时手上有白色淀粉物质，泡水后无油花，就是好大米。

第一天，喂食别太勉强

对宝宝来说，断奶食是一种新鲜食物，其口味并没有母乳那么好吃，为了使宝宝更容易接受，第一天给宝宝喂断奶食时，一定要顺着点，不要勉强宝宝。第一天断奶食的目标，只要让宝宝尝试食物的味道就好，量可控制在1/4匙为好。

喂下后，如果宝宝喜欢，可每日1次；如果试过几次后宝宝总是拒绝，可以将米汤涂在宝宝唇间，让宝宝尝尝味道就可以了。如果宝宝还是不主动要吃，就不要再勉强了，可以过几天再试一试。千万不可硬喂，避免给宝宝留下厌恶的感觉，要不下次添加时会很困难，而且以后添加辅食也会受到影响。

第一次，喂辅食时间有讲究

4个月的宝宝大多以吃母乳或配方奶为主，而且吃奶次数较频繁。以4个月的宝宝为例，每次喂奶时间间隔2～3小时，一日需喂8次左右。如果添加辅食，就会影响到喂奶的时间，所以首次添加辅食除要把握量之外，还需注意时间的安排。

有些妈妈喜欢在两顿奶之间给宝宝加辅食，就像给宝宝加餐似的，隔两小时就加1次，一日需加4～5次，这样一来，妈妈很累不说，宝宝总是处于半饥饿状态，饥饿感不强吃起来自然不是很香，宝宝的消化系统也得不到休息。因此，建议第一次添加辅食的时间选择在上午11点左右，

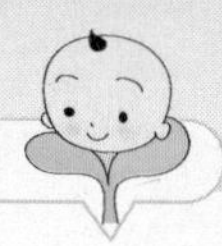

在宝宝饿了正准备吃奶之前给他调一些大米糊，让他吃两匙，相应地把奶量减少3~4毫升。这样既可以让宝宝吃饱，也可让宝宝品尝到辅食的味道，更有利于食物的消化吸收。

添加辅食需要一个过程

4个月宝宝还不吃辅食怎么办

我家宝宝4个月了，已经开始添加大米糊，但刚喂了一口就吐了出来，而且还用小舌头不停地顶着小勺，开始感觉这是正常的，但后来连着试了一周时间还是如此，无论怎么喂都会吐出来，难道还不到吃辅食的时间吗？我该怎么办？

添加辅食的时间不应通过月份判断，最好通过宝宝的发育状况适时添加。妈妈可以通过一个试验进行判断：准备一截剥开的香蕉，如果你的宝宝能够伸出手抓住香蕉，自己吃掉一点，那就说明他已经准备好可以接受食物了。

要知道，辅食与乳汁的味道不同，吃的方式也不同，所以在初次添加时，宝宝会很自然地顶出舌头，似乎要把食物吐出去，这是正常的。父母需要多尝试，10次不行，可尝试20次；如果宝宝还是不吃，妈妈可以运用一些方法，如将食物涂抹在宝宝唇间，让宝宝主动去舔，并尝一尝食物的味道；如果还是不行，就不要再勉强了，可以过一周再尝试喂辅食。相信只要爸爸妈妈有耐心、坚持不懈，最终宝宝会逐渐适应辅食的味道，开始吃辅食。

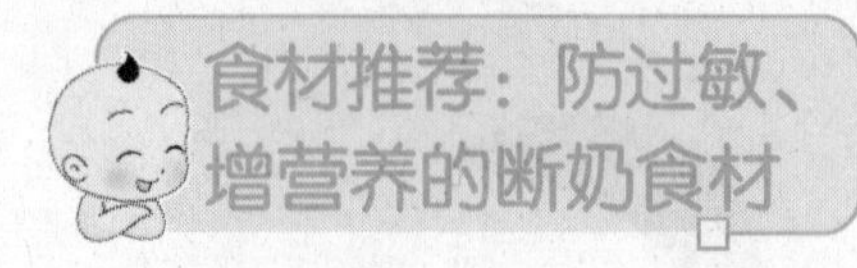

为了减少因断奶食引起的过敏反应，选择适合这时期的食材是非常重要的。下面介绍几种这时期可以放心食用的断奶食材。

粳米

很少引起过敏反应，而且容易消化，是很好的断奶初期食材。

利用 制作时，将米用温水浸泡1小时，然后加入水，水与米的比值为10:1，熬煮30～50分钟，这样的粥适合断奶初期食用。

保存 可将粳米磨成米粉，装入玻璃瓶或密封袋中，吃时，用干净干燥的小匙取1～2匙放入碗中，温水冲调，即成。

糯米

糯米比粳米更容易消化，而且几乎不会引起过敏反应，是经常使用的断奶食材；也可与粳米混合后食用，更容易消化吸收，满足宝宝每日营养所需。

利用 制作时，洗净后需用温水浸泡1～2小时，然后磨成粉末后再熬粥。

保存 糯米与粳米的保存方式相似，可磨成米粉备用。

黄瓜

黄瓜具有排毒作用，水分含量较多，而且很少引起过敏，无刺激味道，是很好的初期断奶食材。

利用 烹调黄瓜时，需洗净去皮，切片或块，放入榨汁机中，榨出汁水给宝宝喂食；也可将黄瓜放入锅中熬煮15分钟，软烂后，用小匙挤压出汤汁，滤出汤汁，温热后即可给宝宝喂食。

保存 为了方便起见，可将整根去除皮和子的黄瓜擦碎后，用保鲜膜包好，放进冷藏室保存，每次适量给宝宝榨汁食用。

红薯

红薯含有大量的糖类、蛋白质、各种维生素与矿物质等营养物质，其中所含丰富的膳食纤维有助于宝宝排便，而且

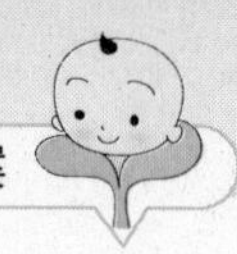

耐高温，可在烹调锅中保留住丰富的维生素C，供给宝宝每日所需。

利用 制作时，需先蒸熟，去皮压成泥，然后加入少许温水调成稀糊状，初添辅食的宝宝还不能食用泥状食物。

保存 未削皮的红薯可置于屋内阴凉通风处保存；去皮、切块的红薯可上锅蒸熟，用小匙捣烂，装入保鲜盒密封，放入冰箱冷藏，用时用干净小匙取适量加热，与粥、汤混合即可食用。

土豆

土豆是一种粮菜兼用的食物，营养价值非常高，它富含淀粉、蛋白质、脂肪、膳食纤维及钙、磷、铁、钾等矿物质。土豆热量高且易消化，富含蛋白质，而且烹调过程中不易损失大量营养素，是很好的初期断奶食材。

利用 制作时，需先洗净去皮切块，用流水浸泡去除部分淀粉；此外，土豆芽有毒，若在制作前发现土豆出芽，就不要了，避免食物中毒。

保存 土豆不宜存放过久，买来后放入冰箱中冷藏，也可将土豆去皮、洗净后，切成小块装入保鲜袋中密封，用时上锅蒸熟，捣烂，给宝宝喂食。

南瓜

由于南瓜病虫害较少，所以栽培时几乎不使用农药，不仅富含糖类、脂肪、蛋白质，且容易补充热量，香浓的甜味还具有增加食欲的功效，是宝宝断奶初期很好的断奶食材。

利用 南瓜去除皮、子后，切成小块，上锅蒸熟，捣烂后加入温水，滤出汤汁给宝宝喂食，初次添加辅食的宝宝还不可以吃较干的南瓜糊。

保存 南瓜皮较厚且硬，切时，可从没有凹陷处入刀切块，蒸熟的南瓜可用保鲜膜包好后冷藏保存，分次给宝宝食用。

梨

梨具有祛痰降热、补水祛燥的功效，而且食用后很少引起过敏反应，可作为宝宝断奶初期的食材。

利用 制作时，洗净去皮和

核，切小块打碎食用，一次不宜食用太多，避免引起腹泻。

保存 未处理过的梨，可用报纸包裹好，放在阴凉通风处保存；已经切开的梨需切成小块，放入研磨器中打碎，上锅蒸熟，捣烂，装入保鲜盒中密封，放入冰箱冷冻，吃时加热即可。

食谱推荐：5道防过敏的清淡断奶餐

初尝辅食的宝宝宜食用口味清淡的食物，这样可培养宝宝营养清淡的好习惯，还能预防宝宝偏食、挑食。

浓米油

原料：大米（小米、高粱米均可）30克。

用法：大米淘洗干净，放入锅中，加约500毫升水，煮成烂粥，取最上层米汤油，晾至温热，按适当量给宝宝喂食。

营养功效：米油口味清淡，含有丰富的蛋白质、脂肪、糖类及钙、磷、铁、维生素等营养物质，能为宝宝快速补充热量，而且不易引起过敏，在宝宝缺少乳汁喂养时，可适量给宝宝喂食。

芹菜汁

原料：芹菜1～2棵。

用法：将一碗水在锅中煮开，洗净的完整的芹菜叶先在水中浸泡20～30分钟后取出，切碎，加入沸水中煮沸5分钟。将锅离火，用汤匙挤压菜叶，使菜汁流入水中，滤出菜水，取1～2汤匙给宝宝喂食。剩下的汤汁可以密封好后放入冰箱冷冻，待用时解冻加热即可。

营养功效：芹菜营养丰富，有助于改善肠道功能，具有健胃利尿、镇静止血、治疗便秘的作用，比较适合天气干燥炎热时饮用。

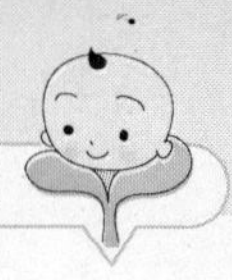

牛奶南瓜汁

原料：南瓜100克，牛奶适量。

用法：南瓜去皮，切成小丁蒸熟，然后将蒸熟的南瓜用匙压烂成泥，在南瓜泥中加适量温开水稀释后调匀，放在干净的细漏匙上过滤取汁，加入适量牛奶调匀，取1～2汤匙给宝宝喂食。

营养功效：南瓜内含丰富的维生素、矿物质和果胶，能起到解毒作用，保护胃黏膜，帮助消化，促进生长发育，与牛奶搭配可增添蛋白质与钙的含量，有利于宝宝对营养的消化和吸收。

胡萝卜山楂汁

原料：新鲜山楂8枚，胡萝卜1/2根，绵白糖2小匙。

用法：胡萝卜洗净，切碎；山楂洗净，去核，每枚切成四瓣；将山楂与胡萝卜碎一同放入锅中，加水煮沸，再用小火熬煮15分钟，用漏斗滤出汤汁，晾至温热后加入绵白糖调匀，取2～3汤匙给宝宝喂食。最好在吃奶前半小时左右喂食。

营养功效：山楂富含有机酸、果酸、多种维生素及矿物质，其中维生素C、钙、铁含量较高，搭配胡萝卜一同食用，可健脾胃、助消化，增进宝宝食欲。

白萝卜生梨汁

原料：小白萝卜1个，梨1/2个。

用法：将白萝卜切成细丝，梨切成薄片。将白萝卜倒入锅内加清水烧开，用微火炖10分钟后，加入梨片再煮5分钟取汁即可食用。

营养功效：生津止渴，润肺通气，对宝宝咳嗽、咽喉干涩、肿痛都有治疗作用。

亲子方案——断奶初期和宝宝玩什么

4个月的宝宝手脚的活动能力渐强，会用小手抱住奶瓶，懂得身体协调配合。此时的游戏大多以坐着为主，妈妈可根据宝宝的发育情况，设计一些游戏。游戏可以愉悦宝宝的身心，让宝宝在不知不觉中开发潜能、增长智慧、丰富经验，在快乐中感受到父母对自己的爱护，加深对父母的信赖感，减少断奶对宝宝的影响。

墙头坐不住

游戏步骤

（1）妈妈坐在地板上，将宝宝放在你曲起的膝盖上，双手扶住宝宝的腰。

（2）妈妈唱起欢快的儿歌：“小宝宝坐在墙头上，墙头隆起高高翘，一个不小心，哎呀呀，小宝宝咕噜咕噜滑下来，摔得宝宝屁股疼。”

（3）妈妈边唱边做动作，如：说到“小宝宝坐在墙头上”，妈妈要把宝宝抱放在弯曲的膝盖上；说到“墙头隆起高高翘”，妈妈要垫起脚，让宝宝有一种被弹起的感觉；说到“一个不小心，哎呀呀”，妈妈要用慌张的情绪，感染宝宝；说到“小宝宝咕噜咕噜滑下来，摔得宝宝屁股疼”，要伸直腿让宝宝有掉落的感觉。

父母须知

这个游戏有助于锻炼宝宝的体能，并增强宝宝的记忆力。为了使游戏有趣味，父母一定要

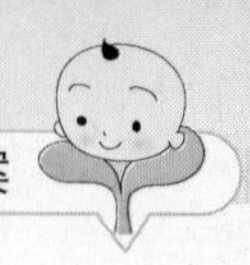

随着儿歌的节奏做动作，反复进行，让宝宝有所感知。值得注意的是，在游戏中，动作要尽量缓慢，双手一定要保护好宝宝，以免宝宝因运动而害怕。

爸爸举高高

游戏步骤

（1）爸爸双手将宝宝抱在怀中，同宝宝说："爸爸跟宝宝玩个游戏好不好？"

（2）当看见宝宝心情愉悦、神经放松时，把宝宝高高举到空中，并发出爽朗的笑声，时不时还可对宝宝说："举高高喽！宝宝高不高兴啊？"

（3）当宝宝回到爸爸怀里时，爸爸可以亲一下宝宝，让宝宝感受到爸爸的爱。如此反复，让宝宝感到家庭的温暖。

父母须知

这个游戏可以增进父子关系，在气氛的感染下，让宝宝感受到自己也是家庭的一员，享受家庭的温暖。值得注意的是，陪宝宝玩耍时，一定要注意安全，不要分神，避免发生意外。

宝宝也会"打哇哇"

游戏步骤

（1）预先准备几张洁净的薄纸，然后抱起宝宝坐在自己腿上，一手抱住宝宝，一手给宝宝做示范，用手在自己的嘴巴上拍，发出"哇哇"声，逗引宝宝跟着模仿发声。

（2）若宝宝不会发声，妈妈可让宝宝看着自己的口形，拍打宝宝的嘴巴，让宝宝跟着学。

（3）当宝宝学会发声，并发出"哇哇"声时，妈妈可以将薄纸放在宝宝嘴前，通过观察纸张的振动，引导宝宝感知声音。

父母须知

这个游戏可引导宝宝连续而有节奏的发音，初步感知声音。值得注意的是，宝宝皮肤较敏感，因此教宝宝"打哇哇"时，不要太用力，以免打疼宝宝。

到时间睡觉了

游戏步骤

（1）先观察，看宝宝是否有疲倦的表现，比如揉眼睛、打哈欠、抓耳朵等动作，由此制定一个明确的晚上上床睡觉的时间表，调整好宝宝的作息时间。

（2）到了晚上睡觉时间，宝宝如果已出现疲倦状态，要尽量保持屋内气氛安静祥和，给宝宝营造睡眠氛围。

（3）如果还没到睡觉时间宝宝就犯困了，父母可以逗引宝宝，陪宝宝做一些简单的游戏，先不让宝宝睡，一直到规定时间再哄宝宝入睡。有时，宝宝到了睡觉时间，还没有睡意，那说明宝宝白天活动较少，此时就要强制哄宝宝入睡，并且以后注意不要让宝宝睡得太多，或休息时间离得太近，逐渐养成定时睡觉的习惯。

父母须知

这个游戏可培养宝宝定时睡觉的好习惯，有利于宝宝的健康成长。值得注意的是，在习惯养成的过程中，需循序渐进，不宜操之过急，避免宝宝产生逆反情绪。

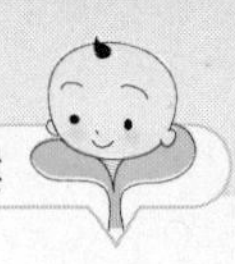

心得分享——看看过来人的锦囊妙计

初为人父人母的爸爸妈妈是否对宝宝断奶很是头疼呢？是否用尽了方法也给宝宝断不了奶呢？那么不妨看看过来人的锦囊妙计吧！也许这些妈妈们的建议会帮助你。

转移注意力

过来人：倩儿（化名）妈妈

“在断奶的时候可以多求助宝宝的爸爸或者其他能够帮忙的亲友。如果孩子一般在临睡前或睡醒时要求吃奶，可以让其他人帮助他入睡或者起床穿衣。感觉宝宝即将想要吃奶时，可以用其他玩具转移他的注意力。”

倩儿妈妈的断奶方法值得妈妈们借鉴。断奶时，宝宝对妈妈的依赖非常强，但此时宝宝的注意力比较容易转移，只要爸爸妈妈灵活运用，宝宝会在不知不觉中自然断奶。

用故事和催眠曲来安抚

过来人：彩蛋（化名）妈妈

“断奶的第一天，宝宝哭得很厉害，我不忍心，想妥协，被老公劝住，最后是老公陪宝宝睡觉，给他讲故事，有的时候唱催眠曲。第二天哄睡宝宝的时间明显就缩短了，就这样短短两天，断奶成功。”

一直以来，故事和催眠曲都是安抚宝宝的最佳选择，特别是在宝宝断奶时，更要学会运用。妈妈们可在断奶前就用这一种方法哄宝宝睡觉，在宝宝的潜意

识中形成规律，这对断奶非常有利。习惯吃夜奶的宝宝，妈妈也可用此方法，逐渐让宝宝延长睡眠时间。

逐渐增加辅食与配方奶

过来人：风儿（化名）妈妈

“我家宝宝断奶是8个月的时候，在宝宝4个月大的时候我就每天加一到二餐奶粉，喂少量的稀粥和菜粥汤，以后，慢慢增加奶粉的次数，这样给宝宝一个适应的过程，到8个月的时候，宝宝已完全适应了奶粉和辅食，断奶自然不是难事。”

宝宝断奶不等于不再喝奶制品，所以最佳的断奶方法就是“转乳”，也就是让宝宝逐渐习惯除母乳外的食物，逐渐为宝宝断奶。

从喜欢过渡到不喜欢的

过来人：灼灼（化名）妈妈

“宝宝断奶的时候，我特地去超市买了好几种品牌的奶粉，还有豆奶、酸奶。从白天就开始做试验，看宝宝能接受哪个。奶粉她是碰都不碰，豆奶能喝两口便再也不喝，酸奶好啊，她几口就喝干了还要。于是从全喝酸奶到一半酸奶一半奶粉，再到奶粉越来越多，直至5天后全部喝奶粉，真是个体贴妈妈的好孩子！”

从故事看，灼灼妈妈是个非常细心的人。宝宝断奶是一个循序渐进的过程，无论吃什么、喝什么都要经过尝试，而且只有宝宝喜欢，添加起来才更容易。因此，妈妈们要尽可能地为宝宝提供多种选择，观察宝宝的反应，选择最佳的食物，做好断奶前的准备工作。

第四章

5个月，断奶初期养育方案

断奶初期，宝宝接受新食物的能力较差，很容易受到惊吓与挫折，所以妈妈在顺利给宝宝添加辅食后，一定要注意放慢进度，让宝宝有个适应的阶段。为了能更好地给宝宝添加食物，妈妈还可以亲自示范给宝宝看，这样容易让宝宝学习。宝宝在遇到挫折后，妈妈可以用游戏转移宝宝的注意力，使宝宝身心愉悦，淡忘挫折。

本月宝宝发育指标

本月宝宝的发育指标较上个月来看，身长增加了约1.8厘米；体重增长了约0.4千克；头围增长了约0.6厘米；胸围增长了约0.8厘米。

具体指标如下表：

	男宝宝	女宝宝
身长	59.5～69.3厘米，平均约62.8厘米	60.5～68.3厘米，平均约63.9厘米
体重	6.1～9.4千克，平均约7.7千克	5.5～8.6千克，平均约7.1千克
头围	40.5～45.1厘米，平均约42.5厘米	39.2～44.1厘米，平均约40.3厘米
胸围	39.1～46.5厘米，平均约42.8厘米	37.9～45.2厘米，平均约40.9厘米

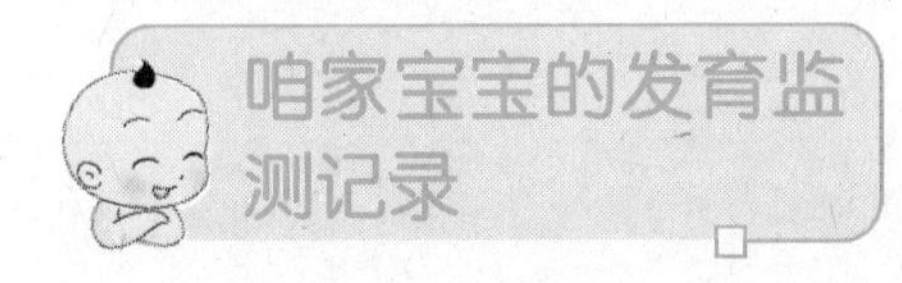

5个月末宝宝个性化档案

体能与智能发育记录

姓名：____________________

昵称：____________________

民族：____________________

体重：______________ 千克

身长：______________ 厘米

头围：_____________ 厘米

胸围：_____________ 厘米

前囟：_____________ ×_____________ 厘米

出牙：_____________ 颗

独立坐时，头身会前倾：第_________月第_________天

抓取靠近自己的玩具：第_________月第_________天

对着人或感兴趣的物品发声：第_________月第_________天

看见食物表现很兴奋：第_________月第_________天

拿着一个积木寻找另一个：第_________月第_________天

饮食方案——断奶初期给宝宝吃什么

宝宝又长大了一点，此时的他虽然吃米汤吃得很香，但还是不停地流口水，而且对于颜色鲜艳的食物特别喜欢。那么，这个月该给宝宝吃什么呢？看看我们下面的方案就知道了。

稀糊食物，锻炼宝宝的咀嚼和吞咽能力

宝宝学会吞咽以后，妈妈会发现宝宝经常会吐吐舌头，有时会用舌头舔舔小勺，特别是食欲较好的宝宝更喜欢自己抱着小勺咬来咬去。这些行为都表示宝宝非常爱吃辅食，此时就可以给他添加比汤汁稍黏稠的稀糊类辅食了。

稀糊类辅食不像流质辅食那样，可以溶解在口中，只要会吞咽就可以吃下去，稀糊类辅食质较稠，要通过舌头搅拌、小嘴上下咀嚼才可以慢慢吞咽。一般刚开始添加稀糊类食物时，可做得稀一些，这样宝宝较容易下咽，而且不会被噎到。

稀糊食物能帮助锻炼宝宝的咀嚼和吞咽功能，如土豆泥、红薯泥、胡萝卜粥、面包粥、饼干糊，以及各种添加少量低纤维蔬菜的粥汤，都是这个阶段应让宝宝尝试的食物。这些食物可为宝宝补充蛋白质、糖类、脂类、矿物质（铁、钙、钾、锌等）、少许维生素和膳食纤维，同时有利

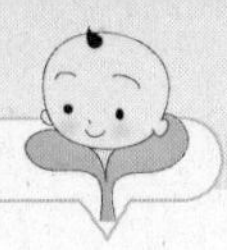

于宝宝面部肌肉、舌部运动和吞咽功能的训练。这种训练对宝宝未来开口说话也有好处。

专家提示

超市里也有许多适合婴儿吃的泥糊类辅食成品，可以适量买一些，这样在忙碌时也可给宝宝喂辅食。购买时，要注意看成分、添加剂以及生产日期，最好挑选新鲜、无添加剂的辅食产品。不过，如果有时间最好亲自为宝宝制作辅食，这样的辅食更安全、健康。

蛋羹，易消化的断奶食

宝宝从母体中所带的铁质只够消耗6个月，一般从4个月起，宝宝体内的储存量就开始下降，而母乳中的铁不能完全满足宝宝对铁的需求。因此，从5个月起，就要注意给宝宝添加含铁高的食物了。此时，最佳的补铁断奶食就是蛋羹了。

蛋羹是由鲜蛋去壳打成糊状，加入适当的水和作料蒸成的食物。蒸熟的蛋羹不仅容易消化，而且营养丰富，富含优质蛋白质、卵磷脂、二十二碳六烯酸（DHA）、维生素A、B族维生素、维生素E、维生素D等多种营养物质。尤其是铁的含量较高，可补充宝宝每日所需。

家常蛋羹

原料：鸡蛋1个，凉开水适量（约鸡蛋2倍的量）。

制作：将鸡蛋磕破，取出蛋黄，打匀，加入适量凉开水，稍微搅拌一下，上锅蒸10～15分钟，晾至温热，按应添加量用小匙喂给宝宝。

因蛋类中的蛋清易引发宝宝过敏反应，因此1岁以内的宝宝大多食用蛋黄，蛋清可在1岁后给宝宝添加。蒸蛋羹时，蛋清与蛋黄不易分开，下列几种方法能很快分开蛋清和蛋黄：

（1）准备一个网眼较小的漏斗，将鸡蛋打入其中，注意打开蛋壳时不要弄碎蛋黄，然后轻轻摇晃漏斗，让蛋清从网眼中漏下去，很容易就只剩下蛋黄了。

（2）从中间磕破蛋壳，打开时，两手各拿一半蛋壳，先让一半蛋壳中充满蛋黄和蛋清，然后将蛋黄倒入另一半蛋壳中，倒时，会有蛋清露出，可用小碗接住，这样反复倒几次，蛋黄就与蛋清分离了，然后另取一小碗，将蛋黄装入其中，开始制作蛋羹。

从制作方法看，蛋羹的制作方法简单易学，但要想宝宝喜欢吃，那还需要一些技巧。要知道宝宝更爱吃又嫩又滑的蛋羹，这样的蛋羹入口后，很容易被舌头搅碎，而且容易吞咽。要想将蛋羹蒸得嫩可以尝试一下下面的方法：

❶ 尝试用凉开水蒸蛋羹

有些妈妈喜欢用自来水蒸蛋羹，认为这样就不会将鸡蛋冲散了，但自来水中有空气，水被烧沸后空气排出，蛋羹会出现小蜂窝，营养成分也会受损，这样的蛋羹不但不好看，吃起来也较硬。还有些妈妈会选择热开水冲蛋液，而热开水会将蛋液烫熟，再拿去蒸，营养受损，蛋羹也会不成形，而且口感老、硬。所以最好用凉开水，可以避免营养流失，而且蒸出来的蛋羹表面光滑、软嫩，口感鲜美。

❷ 先打好蛋液再加水

打散的蛋液质量均匀，再加入凉开水，蛋液和水很容易融合在一起，不易结块，这样蒸出的蛋羹才更嫩滑。

刚添加辅食不久的宝宝，对新鲜食物不易接受。如果宝宝不爱吃，也可将蛋羹与新鲜菜水、果汁搭配，做好的蛋羹上还可用果泥、蔬菜泥加以点缀，更容易引起宝宝的食欲。

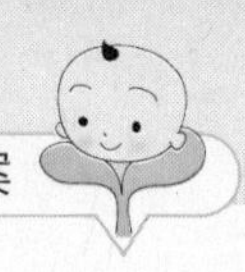

舔着吃，让宝宝的舌头动起来

很多妈妈在给宝宝吃稀糊食物时，都会发现宝宝很容易噎着。有些宝宝在被噎着后，再次喂食物时，宝宝有时会将头扭向一边拒绝吃。其实，并不是因为辅食不合宝宝口味，而是宝宝不愿意再被噎到。所以为了让宝宝能顺利地吃下断奶餐，妈妈要帮助宝宝学习舔着吃。

舔着吃是宝宝学习咀嚼的第一步。一方面宝宝会在舔的时候学会用舌头搅拌食物；另一方面也可调动宝宝的积极性，提高学习的兴趣。

妈妈可将宝宝抱坐在腿上，然后将小勺上下都沾上食物，做出舔的动作，给宝宝做示范，接着让宝宝来舔，当宝宝张开小嘴动着舌头来舔时，妈妈把小勺轻轻地放在宝宝的下唇，只要宝宝来舔，妈妈就将食物一点点涂抹在宝宝的舌头上，让宝宝舌头动起来，逐渐习惯用舌头搅拌食物。

让宝宝舔着吃

也许宝宝在舔的过程中会弄得满嘴、满脸都是，这也没关系，只要宝宝能吃下断奶食，妈妈就要好好表扬宝宝。当宝宝吃的过程中有食物流出来时，妈妈不要急于将食物塞进宝宝嘴里，可以用小勺接住，慢慢让宝宝舔着吃。

对于刚开始不习惯吃稀糊状食物的宝宝，妈妈更需要耐心，多次练习，等宝宝慢慢接受了，就会好起来的。

蔬菜、水果，每周添加一种

宝宝已经习惯并喜欢吃大米糊以后，就可以给宝宝添加蔬菜和水果了。添加时，可先从最常见的蔬菜水果开始。比较常见的蔬菜有土豆、黄瓜、南瓜等，这些蔬菜味不浓，纤维素含量少，容易消化吸收。比较常见的水果有苹果、雪梨、香蕉等，这些水果口味较清

淡，不易引起肠道不适，而且对宝宝便秘有一定的治疗效果。

添加蔬菜与水果一定要遵守“每次只能添加一种”的原则。这样肠道才能有充分的时间适应新的蔬菜、水果，并且一旦出现异常反应也容易查出原因。刚开始，妈妈只需每天喂宝宝1～2匙蔬菜泥或水果泥。一周后，如果宝宝没有什么异常情况，就可以确定这种食物宝宝可以完全接受，再逐渐添加其他不同的蔬菜、水果。

第一种添加的蔬菜或水果如不引起过敏可以再添加另一种蔬菜。如果第一个月能顺利添加4种蔬菜，这说明宝宝的肠胃发育较正常，那么以后可以每3天添加一种蔬菜或水果，使宝宝尝到更多口味的食物。

专家提示

这一时期，由于宝宝肠道尚未发育完全，所以很多食物都会引起过敏，但这种过敏与幼儿期宝宝食物过敏不同，此时对某种食物过敏不代表宝宝以后都不能吃，而只是这段时间宝宝的肠道还不能接受这种食物，所以可过几个月再试着喂。

宝宝添加辅食后开始便秘了怎么办

“我家宝宝5个月零1周，以前大便一直很正常，上个月开始加的米汤和菜水，我看宝宝吃得挺好，这个月我给宝宝加了土豆糊，宝宝也愿意吃，可都四天了还没有排便，大概是便秘了，这该怎么办？”

宝宝便秘

刚刚喂辅食的时候，宝宝便秘多有发生，如果宝宝有食欲，就不必太担心了。因为宝宝的肠胃还没有适应半流质食物，之前都是液体状的食物，较容易消化，而且含水分较多，所以宝宝没有出现便秘。面对这种情况，妈妈可在吃辅食后半小时，给宝宝喝一点白开水，或者将辅食做稀一些，等宝宝肠道逐渐适应

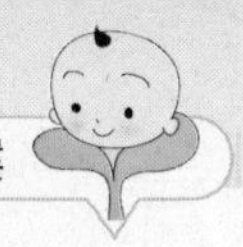

稀糊状食物后，情况就会得到转变。

宝宝几天未排便，再次排便会很硬，为了避免因大便干硬不易排出，妈妈可给宝宝煮一点苹果水、香蕉糊喂下，这样可缓解症状。但不要一次喂太多，避免引起宝宝腹泻。

食材推荐：防过敏、助消化的断奶食材

断奶餐不同于母乳，虽然经过精细加工，但还是没有母乳那么容易被消化，因此，开始添加辅食后，可以给宝宝吃一些防敏助消化的食物，增加胃肠蠕动，促进食物的消化与吸收。下面就为妈妈们推荐几种防敏助消化的断奶食材。

香蕉

香蕉脂肪含量低，含糖量高，果酸含量少，富含铁元素，其味甘性寒，常吃可清热润肠，促进肠胃蠕动，可帮助宝宝养成按时排便的生活习惯。

利用 购买时，要挑选表面没有褐色斑点熟透的香蕉。一般熟透的香蕉尖部含有较多农药，制作断奶食时应去除。首次给宝宝添加香蕉，可用研磨器打碎后，加凉白开调匀给宝宝喂食，如宝宝吞咽能力较强，也可直接刮成泥喂给宝宝吃，先喂2小匙，如宝宝大便无异常，再慢慢加量。

保存 香蕉在低温下易变黑，可以用白纸将其包紧，再放入冰箱中，这样吃时口味会更好，一般可冷藏5～7天。也可放置在室内通风的阴凉处保存，一般可保存3～4天。

苹果

苹果口味香甜，营养丰富，富含糖类、维生素、果酸、锌、磷、铁等营养成分，由苹果制成的汁、泥、片、块都是宝宝最爱吃的辅食之一。苹果中特有的苹果酚可以使宝宝提高抗过敏的能力，改善呼吸系统和肺功能，避免宝宝因吸入过

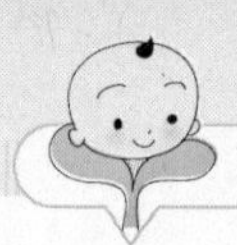

量的铅，影响身体和智力的正常发育。

利用 苹果皮下含有丰富的营养素，因此削皮时应尽量薄一点。去皮后磨碎，再用纱布过滤，用开水烫后，捣成泥状再给宝宝食用。

保存 没有去皮的苹果可放置在室内阴凉处，可保存5～7天；如果苹果已去皮，需迅速将其剖面用保鲜膜包裹放入冰箱冷藏，避免苹果氧化变黑；也可将苹果放入研磨器中打碎，装入保鲜盒中放入冰箱冷冻，吃时解冻后加热或熬煮即可。

白萝卜

白萝卜中富含消化酶，具有下气消食、除痰润肺、解毒生津、和中止咳、利大小便的功效，对感冒、咳嗽都有很好的治疗效果。

利用 白萝卜根部辣味较浓，制作断奶餐最好用中间或叶子部分，去皮后用刨刀擦碎，或用研磨器打碎，煮熟后给宝宝喂食。

保存 没有经过处理的白萝卜可用保鲜袋装好，放入冰箱中冷藏。为了便于制作，也可将白萝卜洗净，去皮，用研磨器打碎，装入保鲜盒中放入冰箱冷藏，一次准备3～4次的量就可以了，不要太多，久存的食物不新鲜，不宜给宝宝做断奶餐。

西蓝花

西蓝花中的营养成分不仅含量高，而且十分全面，主要包括蛋白质、糖类、脂肪、矿物质、维生素C和胡萝卜素等。其中，钙、磷、铁、钾、锌、锰等矿物质含量都很丰富，可提高抗病能力，而且味道较清淡，可在宝宝5个月时添加。

利用 此时宝宝还未出牙，断奶食不使用西蓝花茎部，只用菜花部分。将其用研磨器磨碎，与粥、糊同煮，煮熟后晾至温热，即可给宝宝喂食。

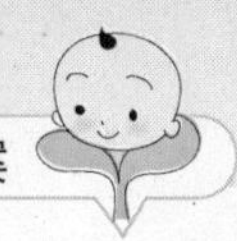

保存 为了方便做断奶食，可将西蓝花洗净，滤干水分，磨碎，用保鲜袋或保鲜盒密封好，放入冰箱中冷藏，用时，取干净小匙挖1～2匙即可，剩余部分可继续保存。

菜花

菜花质地细嫩，味甘鲜美，含有蛋白质、脂肪、糖类、膳食纤维、多种维生素及钙、磷、铁等矿物质，具有增强抵抗力、排出毒素的作用。宝宝在感冒、咳嗽、腹泻、便秘时都可食用。菜花与土豆搭配不仅美味而且更有营养。

利用 购买时，要选表面自然白、根部叶片嫩绿的菜花，如稍有点黄也没有关系。制作时，需去除茎部，切成小块，用沸水焯后滤干水分，捣碎即可烹调断奶食。

保存 菜花不易腐烂变质，买来后可装入保鲜袋中，放冰箱冷藏，可保存4～5天；不要保存太久，不利于宝宝健康。为方便制作，也可同西蓝花一样处理后装入保鲜盒中，放入冰箱冷藏。

西瓜

西瓜是夏季消暑的首选水果，富含蔗糖、果糖、葡萄糖、维生素A、B族维生素、维生素C及钙、磷、铁等营养物质。西瓜可以帮助排除体内多余的水分，促进新陈代谢，具有祛暑利尿、帮助消化、消水肿的功效，特别适合宝宝夏季炎热时食用。

利用 用西瓜做断奶食时，可以将西瓜切开，用小匙挖出瓤，去除子，捣碎，放入榨汁机中榨成汁，可在夏季给宝宝饮用。一次不要太多，避免引起腹泻。

保存 没有剖开的西瓜可以保存在阴凉房间里，一般可保存一星期左右；已经切开的西瓜可用保鲜膜包裹其剖面，再装入保鲜袋中放冰箱冷藏，但冷藏过的西瓜做成的断奶餐，最好加热一下，避免损伤宝宝脾胃。

番茄

番茄营养价值很高，含有各种维生素及果酸、钙、铁、磷等营养素。其中维生素C含量比苹果、梨、香蕉、葡萄等水果高2～4倍，而且容易被人体吸收，具有抗氧化和保护血管内壁的作用。

利用 制作时，需先用沸水将其外皮烫去，然后切成小块，剁碎或压成泥糊状，也可用研磨器打碎，即可给宝宝食用。也可将番茄做成汤羹，熬煮片刻，味道也很鲜美。

保存 新鲜番茄可直接放入冰箱中冷藏5～7天，也可在干燥室温下保存3～4天。

水蜜桃

桃是一种营养价值很高的水果，其性温，具有补气养血、养阴生津、止咳杀虫等功效，其中含有蛋白质、脂肪、糖类、钙、磷、铁和B族维生素、维生素C等营养成分，特别是含铁量较高，在水果中几乎占据首位，常吃还可防治贫血。

利用 吃桃需先去毛和皮，桃毛易引起过敏，制作时可用湿盐搓洗，可轻易去除。熟透的桃去皮较容易，但不是很熟的桃去皮就较费劲了，妈妈可将皮用刀削去，虽然会浪费一点果肉，但可避免宝宝因吃到桃毛而引起过敏。

保存 桃不宜保存时间过久，所以一次不要买太多，买回来后可用保鲜袋装好，放入冰箱冷藏，不要有碰伤，这样一般可保存4～5天。桃不宜存放在室温下，否则易腐败、脱水。

食谱推荐：5道助长的果蔬断奶餐

宝宝在尝过辅食的味道后，妈妈就可给宝宝吃一点水果、蔬菜汁，这样有助于宝宝味觉的发育；同时果蔬汁也能提高宝宝对辅食的兴趣，更容易将宝宝的注意力转移到辅食上，而忘记吃奶，这对断奶也有好处。

苹果汁

原料：应季新鲜苹果1个，温水适量。

用法：将苹果洗净后，去皮切片，放入开水中煮沸5分钟，晾至温热后，取汁喂给宝宝；也可将苹果片放入榨汁机中，榨成鲜果汁，兑入2倍的温开水，即可喂给宝宝，随吃随榨，尽量选择新鲜苹果。

营养功效：苹果汁易消化，可调理肠胃功能，缓解便秘，常吃还能改善呼吸系统和肺功能，保护宝宝肺部免受有害细菌及烟尘污染，远离肺炎。

番茄汁

原料：番茄1/2个。

用法：番茄洗净，用开水烫后去皮，用干净纱布包好后挤汁或用榨汁机榨成汁即可，取2～3匙喂给宝宝。

营养功效：番茄性微寒，多汁味酸，含有丰富的维生素C，具有养阴生津、健脾养胃、平肝清热的功效。每天一个中等大小的番茄就可满足宝宝每日所需维生素C。常给宝宝吃番茄可预防口腔炎症、维生素C缺乏病，并有助于食物的消化吸收。

、桃汁

原料：鲜水蜜桃1个，凉开水适量。

用法：用盐将桃表面毛搓净，流水冲洗干净，去皮，切成小块，放入榨汁机中榨成桃汁，再兑入1倍的凉开水即成。取1～2汤匙喂给宝宝。

营养功效：桃是一种时令水果，其营养价值高，含有蛋白质、脂肪、钙、铁、锌及多种维生素，经常吃桃可预防宝宝便秘，防治贫血。

山楂汁

原料：新鲜山楂果40克，温开水适量，白糖少许。

用法：将山楂果洗净，切开去核，放入研磨器中，打成泥状倒出，兑入2倍的温开水，调匀，加入少量白糖，待糖化后，取2～3匙喂给宝宝。

营养功效：山楂味酸性温，具有消食积、散淤血、驱绦虫的功效，有助于增强食欲，但山楂味较酸，可少量加一些糖，汤汁不宜过浓，避免宝宝因味重而拒食。

鲜橙汁

原料：鲜橙1个，凉白开水适量。

用法：将鲜橙反复清洗干净，用刀带皮横切成两半，再切成小块，放入榨汁机中，榨成汁，滤出汤汁，取2～3汤匙放入杯中，兑入1倍的凉白开水调匀，即可喂给宝宝。

营养功效：鲜橙含有丰富的维生素C、果酸，可润肺止咳、健脾开胃，增强宝宝食欲，有助于食物的消化吸收。

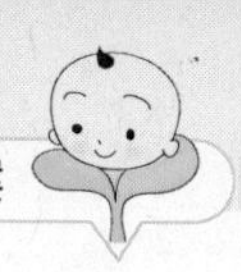

亲子方案——断奶初期和宝宝玩什么

很多妈妈担心断奶会影响亲子关系，其实只要你能抽出时间多陪宝宝玩一会儿，就可弥补这一点。游戏不仅能愉悦身心，还有助于宝宝各项能力的发育。5个月的宝宝各项能力发展都很快，而且好奇心较强，只要眼睛能看到的都会感兴趣，而且对颜色比较敏感，亲子游戏也比较丰富。下面就为爸爸妈妈们介绍几种吧！

颜色碰撞真好玩

游戏步骤

（1）准备几个色彩鲜艳的小球，放入小塑料瓶中，盖上盖子，当着宝宝的面倾斜或翻转小瓶，带动瓶子里的小球相互碰撞，发出声音，速度不要太快，引导宝宝仔细观察小球是怎样运动的。

（2）当宝宝非常兴奋地盯着看时，妈妈可将瓶子放在宝宝手上，让宝宝自己抓握片刻，再让宝宝继续观察，更能引起宝宝对瓶子里小球的关注。

父母须知

这个游戏可以增强宝宝的视觉跟踪能力，也有助于宝宝将图案与声音联系起来，增强思维能力的开发。在游戏中值得注意的是，要注意安全，谨防瓶盖松开宝宝误吞小球。

宝宝照镜子

游戏步骤

（1）妈妈预先把宝宝放在宝宝车里，推到镜子前停下来，让

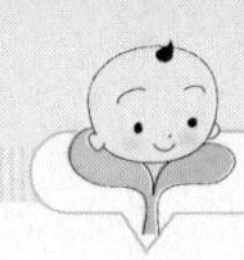

宝宝看到镜子里的自己，询问宝宝："宝宝，看见什么了？"

（2）此时，宝宝会很好奇地看着镜子里的自己，妈妈可以引导宝宝用手触摸镜子，并对宝宝说："呀，镜子可真光滑呀！宝宝也来摸一摸吧！"

（3）接着，妈妈给宝宝拿一个小玩具，让宝宝玩，然后，妈妈指着镜子里说："镜子里的宝宝在玩什么呀？还有谁在陪着玩啊？"此时，妈妈可以拉着宝宝的手，把宝宝手中的玩具摇一摇，让宝宝观察镜子中所发生的一切。

父母须知

这个游戏可以促进宝宝的观察力，延长宝宝暂时记忆的时间，还能加强自我意识，增进母子感情。值得注意的是，此时宝宝还不懂镜中的人就是自己，但宝宝能听从妈妈的引导，对着镜子做各种动作，有时还会同镜子中的人玩。因此妈妈一定要在游戏过程中多对话，给予宝宝更多的引导。

我是撕纸小专家

游戏步骤

（1）预先准备一些干净的旧报纸，妈妈先向宝宝演示一下撕纸的动作，并逗引宝宝主动抓取报纸。

（2）当宝宝抓住报纸时，妈妈抓住报纸的另一头，示意宝宝一起用力拉，直到把报纸扯坏。

（3）如果报纸始终扯不坏，妈妈可让宝宝双手抓住报纸，然后辅助宝宝的双手揉搓。纸张揉搓中会发出响声，也比较容易撕破。

父母须知

这个游戏可以训练宝宝双手的灵活性，开发宝宝的智力，而且揉搓纸张发出的响声和无意间撕坏的纸张，都会使宝宝兴奋。值得父母注意的是，此时宝宝双

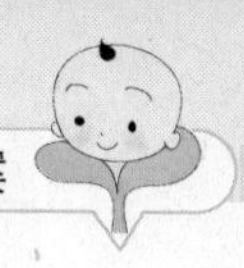

手向不同方向用力还很困难，需要父母更多的帮助和引导。

宝宝好好吃饭

游戏步骤

（1）妈妈先要制定宝宝配餐的时间表，当到宝宝吃饭的时间时，妈妈要给宝宝准备好小桌子，抱着宝宝端坐在桌前（宝宝吃饭固定的地点），让宝宝意识到要吃饭了。

（2）如果宝宝看见饭食就胃口大开，妈妈也要一点点地喂；如果宝宝不愿意吃饭，妈妈可以用儿歌来吸引宝宝的注意力，如：“开饭了，妈妈宝宝一同吃，好菜好饭好味道，吃饱肚肚长高高。”让宝宝能乖乖吃饭。

（3）最好给宝宝设定一个比较合理的吃饭时间，等到了时间，不管宝宝最后吃了多少，都要结束，让宝宝体会整个吃饭的过程。

父母须知

这个游戏可以培养宝宝良好的吃饭习惯——定点、定时吃饭，还能避免宝宝边玩边吃的习惯。值得注意的是，父母应根据宝宝的具体情况来制定时间，切不可催促宝宝，避免宝宝厌烦。

训练宝宝按时吃饭

心得分享——看看过来人的锦囊妙计

给5个月的宝宝断奶的确很不容易，但很多职场妈妈过了这个月后就要准备上班了，如果继续母乳喂养不仅不方便，有时也会感到很辛苦。那么有什么方法可以让宝宝早一点断奶呢？让我们看看下面这些过来妈妈的锦囊妙计吧。

让宝宝对奶瓶感兴趣

过来人：乐乐（化名）妈妈

“我家宝宝5个月零2周，以前从来没用过奶瓶，但最近天气一天天热了起来，需要给宝宝加水了，我就尝试用奶瓶来喂他，因为没用过奶瓶他觉得挺好奇，很新鲜。奶瓶上有企鹅的图案，因此每次喝水时我都会先跟他说‘企鹅给你送水来了’，他就很高兴地开始用奶瓶喝水了。当我用奶瓶给他加奶粉时，还是老办法，用了上面有小熊图案的奶瓶，我会说‘小熊送奶来了’，他也欣然接受。接着我见宝宝喝配方奶喝得还不错，所以没过几天就把宝宝的奶断了。”

6个月以前的宝宝，还不会使用杯子喝水或喝奶，因此要在此时给宝宝断奶，首先就要让宝宝习惯用奶瓶喝奶或水。乐乐妈妈的做法值得借鉴，因为只有自己感兴趣的东西才更容易被接受。

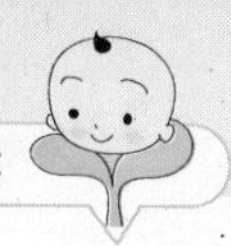

喂配方奶巧妙断夜奶

过来人：山茶（化名）妈妈

“呵呵，我刚刚断奶，因为上班地点太远，中午不能回去，有时候工作忙，也不方便挤奶，慢慢地奶水就很少了，加上宝宝不爱吃辅食，所以就给宝宝添加了配方奶，其实一直不忍心断，还想坚持几个月的，但后来想想还是断了吧，毕竟自己没时间照顾。山茶白天的奶很好断，但夜里的奶却总也断不了。后来，同事跟我说，晚上也给宝宝吃配方奶，配方奶比母乳浓，这样宝宝晚上不会饿，也就不会醒来吃奶。于是，我试了一下，情况还不错，宝宝晚上11点半吃了，一觉睡到清晨5点多才醒，而且感觉宝宝晚上吃了配方奶睡得比较香。这办法还真不错。”

喂配方奶巧断夜奶

上班族妈妈常会遇到像山茶妈妈的情况，所以不妨从上班后，逐渐给宝宝添加配方奶，让宝宝习惯配方奶的味道，然后夜晚也给宝宝喂配方奶，配方奶比母乳的浓度大，这样夜间就不容易醒，也就容易断夜里那一顿奶了。

选择宝宝心情好的时候喂辅食

过来人：米奇（化名）妈妈

“我家宝宝11个月了，已经断奶了。从出生一直是母乳喂养，5个月的时候，给宝宝奶瓶他不要，喂辅食他也不吃，试过很多回，宝宝还是拒绝，后来就没再试了。结果一天上午，我带着宝宝去了附近的公园，临出门前怕宝宝渴，就用奶瓶带了水，虽然知道宝宝可能拒绝，但还是带上了。在公园看见和他一般大的宝宝就玩了起来，宝宝玩得正开心，我见他嘴有些干，于是想用奶瓶试着喂喂水，结果，宝宝居然喝了起来，没有任何拒绝的表现。

自此，我感觉宝宝一定是因为开心所以不会拒绝。于是，我开始选择在宝宝心情好的时候，逐步给宝宝实施断奶计划，比如在宝宝玩玩具正开心时，给他喂一口辅食，并和宝宝一起咀嚼食物，让他感觉到食物很香。慢慢地宝宝开始喜欢吃辅食了，而且对水果特别感兴趣。就这样渐渐地给宝宝断了奶。”

在给宝宝断奶的过程中，宝宝会因为不喜欢、不愿意、不习惯、不适应而拒绝爸爸妈妈的很多举动，但为了断奶爸爸妈妈一定想办法让宝宝接受。最容易让宝宝接受的时间就是宝宝心情好的时候。也许这一点爸爸妈妈也有所体会，大人不也在心情好的时候，对任何事都容易接受吗！米奇妈妈就是运用这种方法逐渐给宝宝断了奶，这种方法值得想要给宝宝断奶的妈妈们借鉴和学习。

第五章

6个月，断奶初期养育方案

宝宝半岁了，吃饭似乎积极起来了，看见颜色鲜艳的食物就胃口大开，有时还试图自己用勺去搲，妈妈应该根据宝宝的具体情况，逐渐给宝宝喂一些泥状食物，辅食可以增加至2次。当然，吃的同时也不能忘记陪宝宝玩，这有助于宝宝身体各项机能的发育。

本月宝宝发育指标

本月宝宝的发育指标较上个月来看，身长增加了约2.2厘米；体重增长了约0.5千克；头围增长了约1.0厘米；胸围增长了约0.9厘米。

	男宝宝	女宝宝
身长	62.9～73.5厘米，平均约68.5厘米	62.0～71.9厘米，平均约66.9厘米
体重	6.6～10.1千克，平均约8.5千克	6.1～9.8千克，平均约7.5千克
头围	40.5～48.3厘米，平均约43.7厘米	40.2～45.3厘米，平均约42.6厘米
胸围	38.9～47.3厘米，平均约43.2厘米	38.7～46.5厘米，平均为42.5厘米

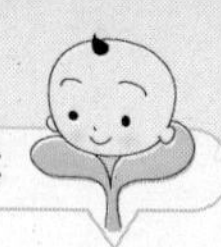

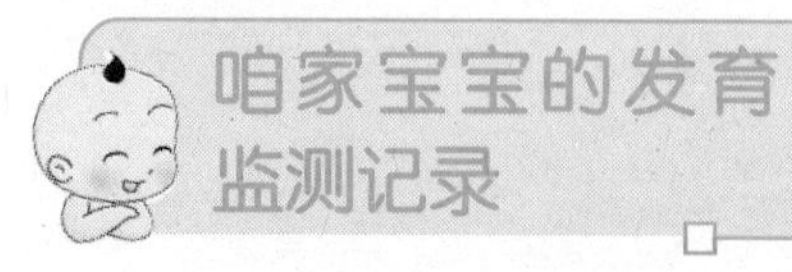

6个月末宝宝个性化档案

体能与智能发育记录

姓名：________________

昵称：________________

民族：________________

体重：____________ 千克

身长：____________ 厘米

头围：___________ 厘米

胸围：___________ 厘米

前囟：___________ ×___________ 厘米

出牙：___________ 颗

仰卧翻身：第________月第________天

玩具失落后会寻找：第________月第________天

双手会撕纸：第________月第________天

会与父母躲猫猫：第________月第________天

叫到自己名字时，会转头：第________月第________天

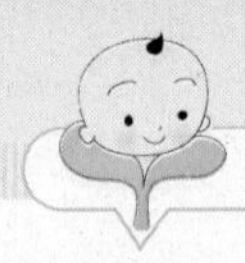

饮食方案——断奶初期给宝宝吃什么

宝宝转眼已经6个月了，给宝宝辅食逐渐提上日程，再也不能像开始那样漫不经心了。那么什么样的食物可以满足宝宝的“小胃口”呢？什么食物最有营养呢？又该如何喂养呢？对于这些问题，下面的方案会告诉你该怎么做。

泥状食物，断奶食的“主打”种类

宝宝长到6个月时，胃容量增大，单纯的母乳已经满足不了宝宝对营养的需求，而此时宝宝的牙质和消化器官还没有成熟，咀嚼概念尚不完善，用液体食物无法提供足够的营养，用固体食物喂养宝宝又无法接受，只能选用泥糊状食物喂养。

泥状食物是介于液体与固体食物之间的食物，它比液体食物干，比固体食物稀，类似稠粥般不干不稀的食物。这样的食物需要通过咀嚼，运用舌头搅拌，以及牙龈与面部肌肉协调配合，最终将食物磨碎吞咽下去。宝宝在咀嚼的过程中，不仅能学会各器官的配合，还可锻炼舌头的灵活性，促进宝宝语言能力。

通常任何一种食物，无论是动物性食物还是植物性食物都可以做成泥糊状，如烂米粥、蛋黄粥、猪肝泥、鱼肉泥、肉末泥、青菜粥、各种营养米粉等等，都是1岁以内宝宝可吃的泥状食物。

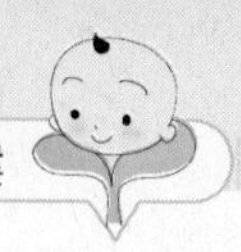

也正因此，泥状食物是宝宝断奶食谱中的“主打”种类。

泥状食物的制作方法较简单，只要会使用食用具在家就可为宝宝烹调好吃的泥状食物。

香蕉泥

原料：新鲜香蕉1/2根。

用法：将香蕉去皮，放入碗内，用匙捣烂成泥状即成。首次食用时需少量，一匙以5～10克为宜。

一般适合6个月宝宝吃的泥状食物有：蛋黄泥、苹果泥、香蕉泥、鱼肉泥、烂米粥、青菜泥等。肉末泥暂时不要给宝宝吃，肉末不易消化，且易引起便秘或过敏症状，所以此时不要给宝宝添加。

泥状食物可以在自己家里制作，也可以去超市中购买。随着生活的改进，许多职场妈妈可能没有时间为宝宝制作好吃的泥状食物，这样就可以选择购买一些成品泥状辅食。

蛋黄泥，全能营养断奶食

很多宝宝在开始添加泥糊类辅食时，第一次正餐都是蛋黄泥，蛋黄泥易被消化、吸收，含有宝宝所需的多种营养素，常被称为“全能营养食品”。蛋黄中含有丰富的蛋白质、脂肪，它还能提供维生素A、维生素B_1、维生素B_2、维生素B_6、维生素B_{12}、维生素D、维生素E及叶酸、钙、铁、磷、镁、锌、铜、碘等营养成分，并且含有优质的亚油酸，它是宝宝脑细胞增长不可缺少的营养物质。

蛋黄泥的制作方法较简单，大部分妈妈都能掌握。

蛋黄泥

原料：熟鸡蛋黄1个。

用法：将1/8的蛋黄放入碗中，加入少许配方奶，用调羹慢慢搅拌调匀即可。

看起来很简单吧，但要想蛋黄泥好吃，首先鸡蛋必须煮得不老不嫩，也就是平时我们吃在口中面面的感觉。煮鸡蛋的方法是：冷水下锅，小火煮开后过2分钟，停火后再焖5分钟，这样煮出来的鸡蛋，蛋黄凝固又不老，而且宝宝也容易消化、吸收。

初次给宝宝喂食需少量，妈妈要先用小匙喂1/8个蛋黄泥，连续3天。如果宝宝没有什么异常反应，增加到1/4个，再连续喂3天。就这样，边试边加，如果宝宝喜欢，最后可以喂1个完整的蛋黄。

但是，如果宝宝对蛋黄过敏，如起红疹、出现腹泻、气喘等症状，那就要暂停喂蛋黄了，等过1个月再试着喂喂看。

此外，如果宝宝不喜欢单一的口味，妈妈可以将蛋黄与水果蔬菜混合，丰富了食物的口味，增强宝宝食欲，还可遮盖鸡蛋的腥味。但要注意宝宝此时对蛋黄未出现过敏症状，才可以添加。如：

香蕉蛋黄泥

原料：蛋黄、香蕉各适量。

用法：将香蕉与蛋黄放入小碗中，用勺背压成泥状，再用温开水搅成泥糊状即可。

专家提示

1岁以内的宝宝最好只吃蛋黄。1岁以内宝宝肠壁的通透性较高，蛋白不易消化，会使宝宝产生腹泻、荨麻疹、湿疹或哮喘等过敏反应，不宜食用。

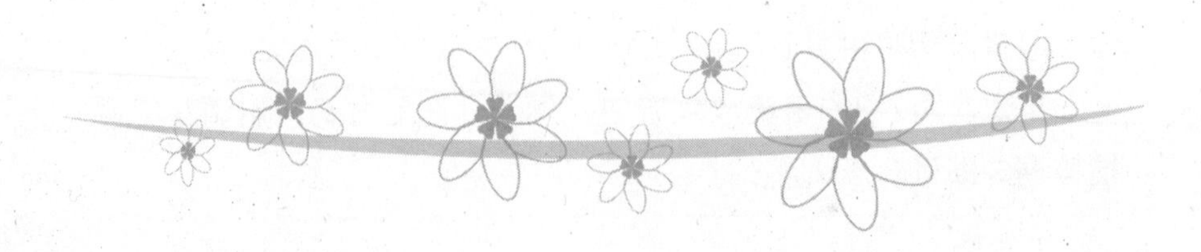

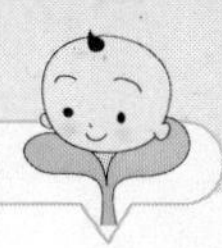

辅食添加，一日2次

6个月起，宝宝白天的睡眠时间开始减少，一天需要喂5次奶，每隔4小时喂1次。但宝宝的活动量加大，只喝奶很容易饿，此时辅食变得更加有分量，再不是只是尝尝鲜那么简单了。

辅食添加可从开始的每日1次逐渐改为一日2次，最好选择中午12点与下午3点各一次，这样较规律，而且这两个时间段由于宝宝经过活动以及睡眠时间的消耗，会感到比较饿，这样添加起来较容易。妈妈们可参照下列安排进行添加。

早晨6点：母乳（配方奶）

上午8点：母乳（配方奶）

中午12点：稀糊状蔬菜2～3勺（约40克）

午休1～3点

下午3点：稀糊状水果2～3勺（约40克）

晚上7点：母乳（配方奶）

晚上11点：母乳（配方奶）

添加辅食时，不可一顿都由辅食喂饱，最好采用辅食加配方奶的方式喂。这样既可让宝宝吃饱，也不至于增加宝宝胃肠负担。

夜间如果宝宝醒来找奶吃，也需要喂1次夜奶，如果不醒，最好不要主动将宝宝唤醒喂奶。

宝宝不喝配方奶怎么办

“我家宝宝6个多月了，以前一直以吃我的奶为主，但现在好像我的母乳分泌量有些下降，加上白天要去上班，就给宝宝添了配方奶，但宝宝一口也不吃，一吃就干呕，但吃辅食却很好，这该怎么办？”

配方奶被称为母乳化奶粉，其中含有蛋白质、DHA、维生素A、维生素D、铁、锌、钙、核苷酸、亚麻酸、亚油酸以及宝宝所需的饱和脂肪酸等营养物质，它能为宝宝补充母乳营养的不足，使宝宝摄取充足的营养以供身体发育。

虽说母乳是宝宝最理想的食

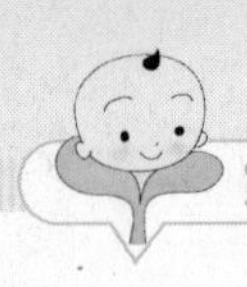

物，但从6个月起，母乳所含的营养量开始逐渐下降，尤其是母乳中的铁含量，已满足不了宝宝对营养的需求，所以，从6个月起，应给宝宝添加一些配方奶。

由于配方奶大多味道比母乳浓一些，宝宝很容易出现拒奶现象。所以在给宝宝加配方奶时，第一次可以冲淡一些，挑选宝宝喜爱的奶瓶与奶嘴进行喂食。

首次添加可以少一点，量控制在80～100毫升，应选择宝宝最饿或最容易喂食的时间，一般可选择睡醒午觉的时间段，即4～6点间加一次。添加时，最好单独加，切忌在吃母乳后再添加。

如果宝宝肯喝，最好每天减少一次母乳，添加一次配方奶，以便宝宝逐步适应配方奶的味道。如果宝宝不吃，妈妈要寻找原因。看宝宝是因为奶嘴的原因，还是因为奶粉的原因，而不肯吃。

由于宝宝长时间吮吸母乳，习惯了乳头的触感，一旦换成配方奶，可能会出现不适应。如果是奶嘴的原因，妈妈可挑选仿真的硅胶奶嘴，不妨多准备几个，找到对宝宝来说最接近母亲乳头的奶嘴。如果还是不肯吃，不妨先用小勺喂宝宝，再慢慢改用奶瓶，让宝宝逐步适应塑胶奶嘴的感觉。

如果因为奶粉的味道宝宝不喜欢，妈妈可以挑选几种婴儿奶粉的试用小包装，依次给宝宝品尝，寻找宝宝爱喝的。如果宝宝还是不喝，妈妈可把配方奶冲淡一些，口味如水即可，让宝宝当水喝，等宝宝逐渐适应了，再逐步加浓。此外，妈妈也可喝一些配方奶，这样乳汁里就会有配方奶的味道，让宝宝逐步接受这种味道。

最好不要在配方奶里随便添加辅食，如米粉、蛋黄、肉泥、面条等，否则容易让配方奶里的营养流失。

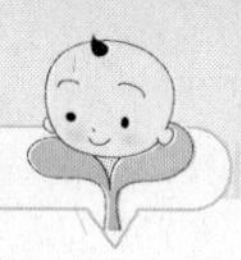

食材推荐：防过敏，补钙、铁的断奶食材

宝宝6个月了，距离出牙的时间也不久了，牙齿的生长需要钙、铁、维生素D等多种营养素的支持，那么赶紧挑选一些有助于出牙的食材吧！但需要注意的是，宝宝现在有些东西还不能吃，挑选时要尽量注意防过敏。

油菜

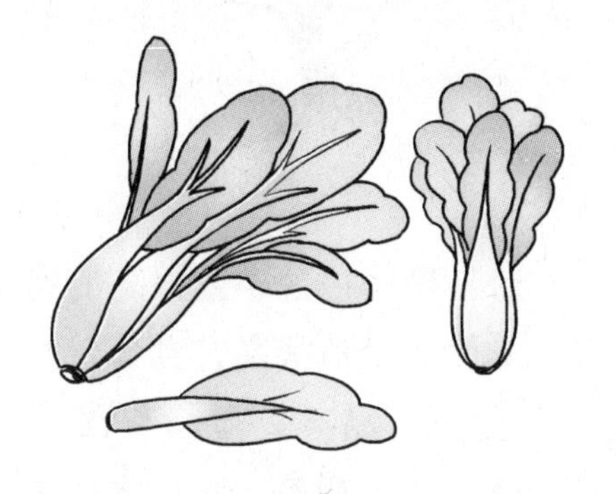

油菜中含有丰富的钙、铁和维生素C，胡萝卜素也很丰富，是断奶食常用食材。它具有维持人体黏膜与上皮组织生长，促进血液循环、散血消肿的功效。此外，油菜中含有能促进眼睛视紫质合成的物质，可以起到明目的作用。

利用 油菜不易咀嚼，烹调时，可先用沸水焯一下，切碎后与粥或糊混合，给宝宝喂食。

保存 为了便于烹调，可一次多做一些油菜碎，剩下的部分可装入保鲜袋或保鲜盒密封，放入冰箱中冷藏，每次使用时，用干净小勺取少许即可。

胡萝卜

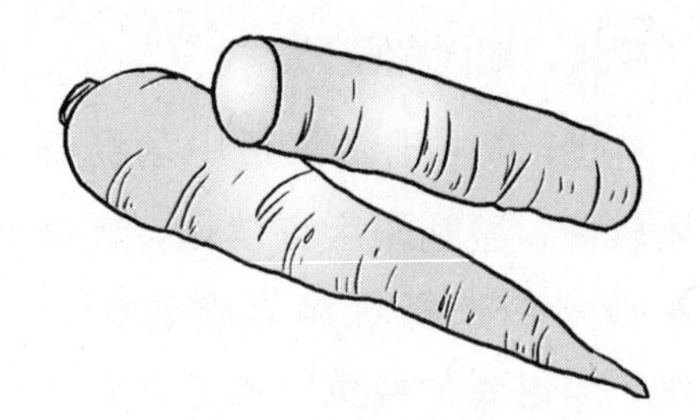

胡萝卜含有蛋白质、脂肪、糖类、钙、磷、铁、维生素B_2、维生素C等多种营养成分，其中β-胡萝卜素含量较高，可保护宝宝的视力，促进生长发育，增强机体免疫力。

利用 用油煎过的胡萝卜营养更丰富，但在断奶初期和中期不能给宝宝食用油炒的胡萝卜，可将胡萝卜去皮后，蒸熟捣烂给宝宝喂食。

保存 烹调剩下的生胡萝卜

可直接放入冰箱；蒸熟的胡萝卜碎要用保鲜袋装好密封后，再放入冰箱。未经过加工的胡萝卜可装入保鲜袋放入冰箱中冷藏，一般可保存5～7天。

白菜

白菜性微寒味甘，具有通利肠胃、养胃生津、除烦解渴、利尿通便、清热解毒的功效，富含维生素C、铁、钙等营养素，可预防感冒，增强免疫力。

利用 由于白菜帮中含纤维素较多，不利于宝宝消化，因此烹调时应选择纤维素含量少、维生素聚集的白菜叶部分，清洗后，用开水焯烫一下，切碎，捣烂成泥糊，给宝宝喂食。

保存 在室温下，白菜叶易腐败变质，所以买来的白菜可将其叶片部分，洗净切碎，装入保鲜盒中，密封好后放入冰箱中冷藏，一般加工2～3天的量即可。

海带

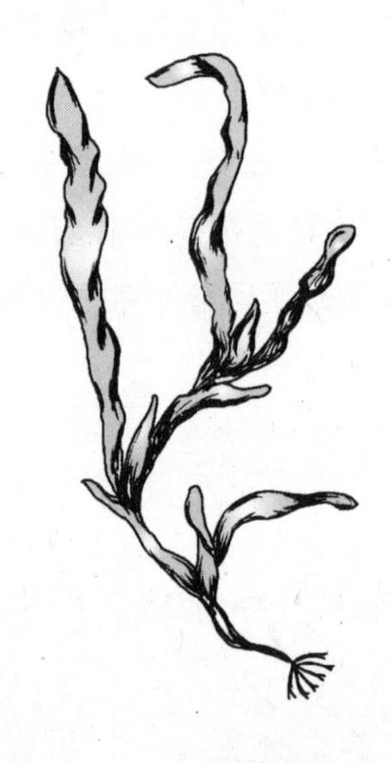

海带是一种含碘量很高的海藻，其营养价值很高，富含蛋白质、脂肪、糖类、膳食纤维、钙、磷、铁、胡萝卜素、维生素B_1、维生素B_2、烟酸以及碘等多种营养素，而且不易引起过敏，可在宝宝出牙时给宝宝吃一些，有助于宝宝出牙。

利用 海带风味独特，但不易咀嚼，表面的白色粉末多盐分，做断奶食时，应擦净，再用

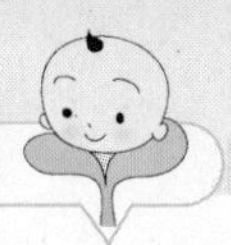

水煮软或泡软后剁碎，少量与粥、糊、泥等混合食用。

保存 泡发的海带需放入冰箱中冷冻；海带干品则可放在室内阴凉通风处，避免潮湿发霉。

紫菜

紫菜营养丰富，具有化痰软坚、清热利水、补肾养心的功效。紫菜含有胆碱、钙、铁、碘等营养素，能增强记忆，促进骨骼、牙齿的生长与保健，而且紫菜所含的多糖具有明显增强细胞免疫和体液免疫功能，可促进淋巴细胞转化，提高机体的免疫力，让宝宝少生病。

利用 由于紫菜属海藻食物，其中所含的盐较多，且不易咀嚼，所以用紫菜烹调断奶食时，可将其用煎锅煎脆，放入塑料袋中捣碎后与粥、糊、汤羹同煮，这样较容易被宝宝咀嚼消化。

保存 一般从超市买回来的紫菜都为干品，只要置于室内阴凉处即可。如果是拆开的，要记得用保鲜袋装好，扎口，避免受潮。

卷心菜

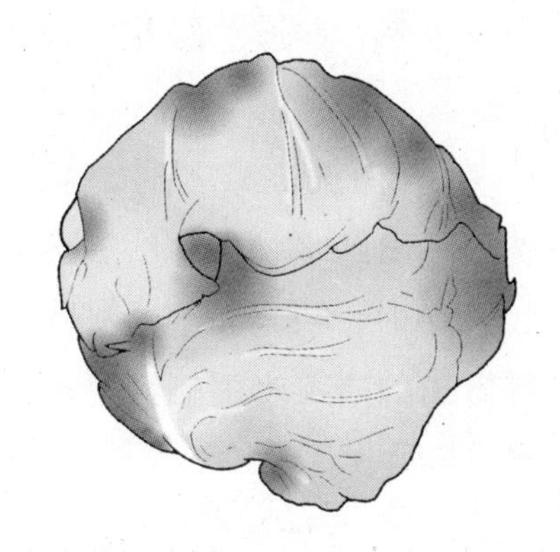

卷心菜又叫圆白菜、洋白菜。它含有大量叶酸、维生素C、纤维素、糖类及钾、钠、钙、镁等矿物质。卷心菜里所含的叶酸，对宝宝预防巨幼细胞贫血有很好的作用。

利用 卷心菜用水洗净后，放入沸水中焯烫至软，切块，放入研磨器中搅碎，与粥、糊等一同制作断奶餐即可。

保存 一般用不完的卷心菜碎可放入保鲜盒中冷藏，用时取适量即可。

高粱米

高粱米味甘性温，含有丰富的矿物质、蛋白质与膳食纤维等营养成分，具有和胃、消积、温中、涩肠胃、止霍乱、凉血解毒的功效，可提高免疫力，而且不易引起过敏，是做断奶食的粗粮之一。

利用 淘洗高粱米时，需一直洗到不出红水为止，然后再浸泡1～2小时，再用研磨器打碎，这样做出的高粱米粥较容易被宝宝食用与吸收。

保存 为了方便制作断奶餐，可将高粱米洗净，沥干水分，平铺于箅子上晒干，再放入研磨器中打碎成粉，即可装入保鲜袋中，置于屋内通风阴凉处即可；若没有晾晒，也可直接打碎后，装入保鲜盒中放入冰箱冷藏，用时用干净勺取出适量即可。

鸡脯肉

鸡肉中，属鸡脯肉最为鲜嫩，而且蛋白质含量高，脂肪含量低，清淡而容易被宝宝消化吸收。这个部位的肉很少引起过敏症状，还可为宝宝补充铁和钙，也是最先给宝宝添加的肉类辅食。

利用 将鸡脯肉洗净，切成

薄片，放入研磨器中，打成泥状，与粥、糊同煮，即可给宝宝喂食，最好加入煮好的鸡汤，味道鲜美，营养更丰富。

保存 可将鸡脯肉洗净，剁成泥，分份，用保鲜膜包好放入冰箱中，用时取出其中一份即可。用不完的鸡汤可盛入保鲜盒中，放冰箱冷冻。

淡水鱼

淡水鱼种类很多，常吃的有鲤鱼、草鱼、鲫鱼、鲶鱼、鳜鱼等品种。这些鱼营养丰富，肉质细嫩，味道鲜美，可给宝宝提供优质蛋白、脂肪、钙、铁、锌、磷、碘、硒以及维生素A、B族维生素、维生素D等多种营养素，具有补中益气、养肝补血的功效。

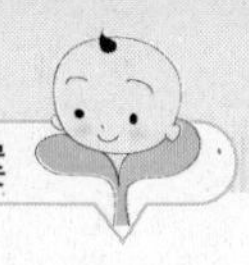

此外，鱼肉中含有的营养物质有助宝宝大脑发育，常吃可益智健脑。购买时，尽量选择活鱼，即使是冰冻的鱼也要买眼睛清亮、眼球略有鼓起、皮肤天然色泽明显、鱼鳍平展张开的，这样的鱼才是用活鱼冰冻而成的。

利用 鱼肉解冻时，可在水中放一些盐，可使鱼肉中的蛋白质凝结不易流失。烹调鱼肉的方法可以蒸、炖为主，鱼肉炖烂后，需挑干净刺再给宝宝食用。

保存 为了方便烹调，也可将生鱼肉取刺后，剁成鱼泥，分成多份，用保鲜膜包好后放入冰箱中冷冻。或将鱼肉分割成块，用保鲜袋密封好后，放入冰箱中冷冻。

牛肉

牛肉不仅美味，而且含有丰富的蛋白质、铁、脂肪、多种维生素等营养成分，其中含铁较高，每100克牛肉中含铁3.2毫克，而且牛肉还具有强健体格、补充体力的功效，常吃可为宝宝补充对铁的需求，而且对宝宝牙齿的萌发也有好处。

利用 制作断奶餐最好选择无脂肪的牛腿肉，可洗净后，切块剁成泥，与粥、糊一同烹调即可。

保存 把完全没有脂肪的牛肉切成薄片，用开水烫一下，放入研磨器中捣碎，即可放入保鲜盒中冷藏，一次不要捣碎太多，够3~4顿断奶餐即可。

猪肝

猪肝中富含铁、维生素A，具有补肝、明目、养血的功效，猪肝是一种补血常用的食物，它可调节和改善贫血病人造血系统的生理功能，其中含有的维生素A能维持正常生长和生殖机能，保护眼睛，有助于宝宝的视力发育。

利用 烹制前，首先要将肝放入清水中浸泡30分钟，使肝中的积血流出，然后放入少许姜汁，上笼蒸熟，取适量捣烂成泥，即可与粥、糊同煮，也可加入高汤调匀，供宝宝食用。

保存 猪肝不宜保存，最好是现买现做，可将猪肝洗净后，切成大块，淋上姜汁，上笼蒸熟，取出晾凉，装入保鲜袋中放冰箱冷藏保存。用时，取适量捣烂成泥，即可制作断奶餐。

6个月的宝宝经常会有拿起食物就往嘴里送的习惯，有时妈妈在喂饭时，宝宝还爱咬着小勺不肯放，这些举动都说明宝宝快要出牙了。此时，妈妈一定要为宝宝准备一些既耐咀嚼，又富含铁、钙、维生素A、维生素D的食物，来帮助宝宝出牙。

食谱推荐：5道助出牙的断奶餐

南瓜红薯粥

原料：红薯丁、南瓜丁、大米各20克。

用法：将大米淘洗干净，和红薯丁、南瓜丁一起倒入锅中煮烂即可，晾温后，取3～4匙给宝宝喂下。

营养功效：南瓜红薯粥可润肺利尿、养胃去积。切成丁的南瓜与红薯经煮熟后，适宜宝宝咀嚼，有助于出牙。

紫菜面包粥

原料：干面包片1片，大米20克，紫菜5克。

用法：干面包片置于煎锅中，起火烘烤片刻（不要烤煳），干硬后取出；再将紫菜煎脆，与面包一同放入保鲜袋中，捣碎备用；大米淘洗干净，放入锅中，加适量清水熬煮成粥，加入面包渣、紫菜碎调匀，继续熬煮5分钟即成。晾温后，取3～4匙给宝宝喂下。

营养功效：干面包与紫菜成颗粒状，可在宝宝咀嚼时摩擦牙龈，可帮助宝宝出牙。

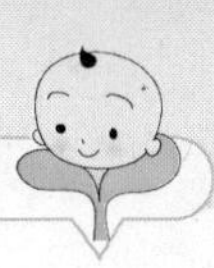

苹果红薯丁

原料：苹果1/2个，红薯50克。

用法：苹果洗净去皮，切成丁；红薯洗净去皮，切成丁；将两种食材混合，一同放入蒸锅中蒸熟取出，晾凉后，取适量喂给宝宝。

营养功效：苹果与红薯营养丰富，味道甜美，做成丁后可促使宝宝学习咀嚼，而且熟软的苹果红薯丁易于宝宝消化吸收。

鸡汁土豆泥

原料：土豆1/4个，鸡汤少许。

用法：土豆洗净去皮，上锅蒸熟，取出研成泥，取鸡汤2匙上锅稍煮片刻，淋到土豆泥中即可。晾温后，取3～4匙喂给宝宝。

营养功效：鸡汁土豆泥营养丰富，土豆特有的小颗粒，可在宝宝咀嚼时与牙床充分摩擦，有助于宝宝出牙。

鱼泥豆腐苋菜粥

原料：熟鱼肉100克，盒装嫩豆腐80克，苋菜嫩叶3～4片，米粥、鱼汤各适量。

用法：豆腐切细丁；苋菜取嫩芽开水烫后切细碎；熟鱼肉压碎成泥(不能有鱼刺)；将白粥加入鱼肉泥、鱼汤煮熟烂，再放入豆腐、苋菜同煮约10分钟即成。晾温后，取3～4匙喂给宝宝。

营养功效：鱼泥豆腐苋菜粥营养丰富，其中食物需宝宝多咀嚼，有助于宝宝学习咀嚼技巧，而且食物在口腔中也可充分摩擦牙龈，帮助宝宝出牙。

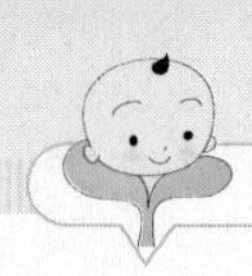

亲子方案——断奶初期和宝宝玩什么

断奶多多少少都会对宝宝的身心造成伤害，而游戏却能排解这些烦恼，所以妈妈要常与宝宝玩耍，与宝宝建立起良好的亲子关系，这对断奶很有帮助。从6个月开始，宝宝身体各部位更加灵活，力气也增大了，他开始学会抓妈妈的鼻子、头发了。趴着的时候靠两手支撑就能够挺起胸部来，而且记忆能力越来越好，知道东西不见了要找。此时，游戏对宝宝来说会变得更有趣。快来看看，都有什么游戏吧！

寻找饼干

游戏步骤

（1）预先准备好宝宝爱吃的饼干，如磨牙饼干。然后取出一个，当着宝宝的面，张开手掌，放入手心里，轻轻握着隐藏起来。

（2）爸爸手心向上，伸到宝宝面前，让宝宝用小手来拿，可以引导宝宝去抠、掰，但不要让宝宝轻易得到。等宝宝找到饼干时，爸爸要给予表扬，并夸奖宝宝聪明。

父母须知

这个游戏可以训练宝宝的观察能力，增强宝宝的记忆能力，同时让宝宝体会努力之后获得食物的快乐。值得注意的是，这个游戏重在引起宝宝的兴趣，因此，爸爸妈妈一定要用宝宝最感兴趣的物品逗引，而且不要让宝宝太容易得到，否则会让宝宝无

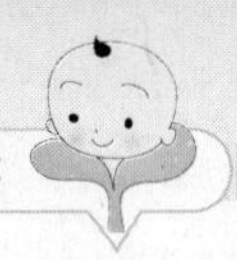

法享受成就感的乐趣。

毛毛熊蹭痒痒

游戏步骤

（1）妈妈抓住宝宝的一只手，并让宝宝把手张开，然后用另一手指在宝宝掌心轻轻地画圆圈，让宝宝感受到痒。

（2）接着再用两根手指顺着宝宝手臂往上移并配合儿歌，唱给宝宝听："毛毛熊逛花园，围着花园打圈圈，一二三，四五六，然后又在树上蹭，蹭呀蹭，蹭痒痒，呀……呀，蹭得可真舒服啊！"

（3）当儿歌唱完时，手指可定在宝宝的下巴下，轻轻用手挠挠宝宝，逗引宝宝开怀笑。

父母须知

这个游戏不仅可刺激宝宝的触觉发育，还可促进宝宝语言发声的能力，使宝宝尽早懂得如何发声。值得父母注意的是，宝宝正处在模仿阶段，因此父母的发音很容易影响到宝宝，因此，父母的发音一定要清晰准确。

拿到小球了

游戏步骤

（1）准备几个适合宝宝玩耍的小球，让宝宝俯卧在床上或地板上。

（2）将小球放置在宝宝面前，说："多么好玩的小球，宝宝快来拿啊！"逗引宝宝向前爬行。

（3）如果宝宝还不熟练爬行的技巧，妈妈可以用两手掌顶住宝宝的左右脚掌，用力向前交替推动，使宝宝借助推力蹬着向前移动身体，爬去抓球。经过反复练习，宝宝就能学会爬行。

父母须知

这个游戏可以发展宝宝四肢

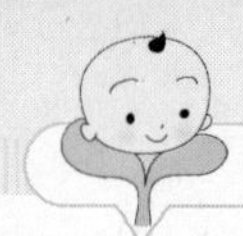

和眼的协调能力，促进全身肌肉活动及锻炼意志。在这个游戏中，宝宝不会爬时，会感到孤单、无助，因此父母除了鼓励外，一定要给予宝宝辅助，让宝宝对爬行充满信心，等宝宝拿到玩具时，父母可亲几下宝宝，让宝宝感受到父母的爱与表扬。

跟妈妈再见

游戏步骤

（1）妈妈可以在每天早晨出门时，都要对宝宝说：“宝宝再见，妈妈去上班了，下午见。”并用力亲吻宝宝，对宝宝表现出依恋不舍的表情，然后让宝宝看着自己出门，对宝宝挥挥手，以表示“再见”。

（2）此时，宝宝会明白妈妈是要离开自己，有时宝宝会哭闹，妈妈此时不要犹豫，一定要坚决离开。如此反复练习几天，让宝宝知道这是不能避免的，必须接受。

（3）等宝宝有了这一认知后，教宝宝习惯挥手“再见”，学会道别，逐渐养成习惯，在离开某个地方或某人离开时，都要跟别人道别。

父母须知

这个游戏可以帮助宝宝养成道别的习惯，了解语言的作用。值得注意的是，为了避免宝宝的心理产生不安全感，开始训练时，妈妈可以先缩短离开的时间，等宝宝逐渐适应后，再延长时间，这样宝宝就不会因为妈妈离开而哭闹了。

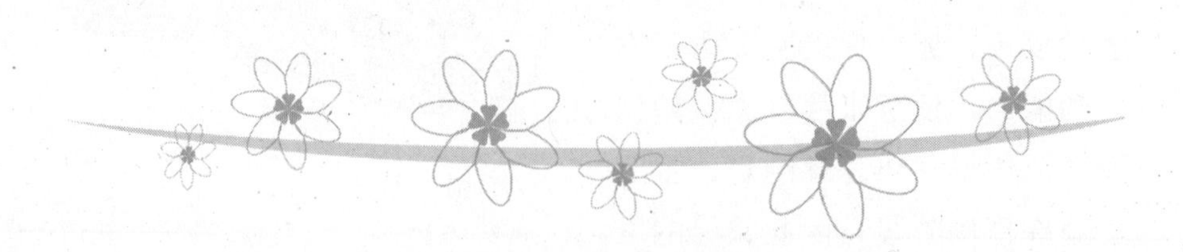

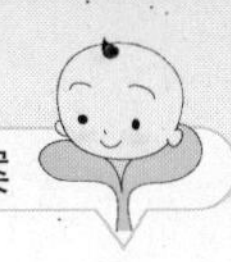

心得分享——看看过来人的锦囊妙计

很多妈妈的产假快结束了，但宝宝还是非常贪恋妈妈的乳汁，这该怎么办？如何才能让宝宝不再贪恋乳汁的味道，让宝宝慢慢断奶呢？这些都是快要上班妈妈的烦恼。一个人闷着是想不出办法的，快来看看过来妈妈的妙计吧！

减少含奶嘴时间，让小嘴动起来

过来人：奥谷（化名）妈妈

“我家宝宝10个月的时候断的奶，从6个月起我开始给宝宝添加苹果泥，宝宝很爱吃，有时边吃还会发出‘guo’的声音，于是我开始经常陪宝宝说话，给宝宝讲故事，虽然不知道宝宝能不能听懂，但看到他高兴地发声，我也很高兴。宝宝小嘴不停地动，注意力就会被转移，宝宝很少会想起吃奶，于是宝宝10个月时，我很轻松地给他断了奶。我的断奶经验就是：让宝宝小嘴动起来，减少含奶嘴的时间。”

奥谷妈妈的方法真是不错，宝宝从6个月起开始有了发声的欲望，虽然听上去只是咿咿呀呀的，但宝宝只要高兴，非常乐意发声，妈妈们可以借助这个机会，让宝宝多练习，减少宝宝含奶嘴的时间，淡忘吃奶，来为宝宝逐渐断奶。

不主动要求，不给宝宝喂奶

过来人：小树（化名）妈妈

“我家宝宝1岁断的奶，虽然断的时候也闹人，而且不爱吃辅食，后来我想了个办法，就是只在宝宝主动要求吃奶的时候才喂他，而不主动提供。后来只要到了吃饭时间，我都给宝宝吃辅食，有时等宝宝想起要吃奶，那时肚子也有点饱了，自然也吃得少。再加上后来我给宝宝添了配方奶，也就逐渐断奶了。”

宝宝从添加辅食起，基本会有特定的吃饭时间，此时一般不会再继续需要母乳喂养，所以妈妈们可以在宝宝吃辅食后，逐渐减少喂母乳的机会，只要宝宝不主动要求，就不给宝宝喂奶。这个简单的方法可以帮助孩子更顺利地接受辅食。只要宝宝能好好吃辅食，那断奶也就轻松多了。

改变生活规律也能轻松断奶

过来人：莉莉（化名）妈妈

“我家宝宝刚断了奶，刚开始也是哭得很凶，不给奶吃怎么也不干，后来有一天，因为工作的原因心情很不好，于是一回家就没有喂宝宝，让她爸带宝宝出去玩了一小会儿，结果宝宝回来居然没哭着要奶吃，后来我又试了几次，结果宝宝都没要奶吃，而且也开始吃辅食了。看来，给宝宝断奶生活规律的变化也有影响。”

改变生活规律宝宝轻松断奶

一般很多妈妈都习惯下班后赶紧给宝宝喂奶，而且喂奶通常会在特定的地点，那你可以尝试回家后先带宝宝出去玩一会儿，尽量避免和孩子一起待在常喂奶的地方，改变宝宝生活规律，这种改变也许对断奶会有好处。

第六章

7个月，断奶中期养育方案

从7个月起，有些宝宝已经出牙了，喜欢吃稍微硬一些的食物，而且饭量也有所增加，有时可以吃掉小半碗粥。游戏玩耍时，经常拿起东西就往嘴里放，小手也会时不时就会放到嘴里磨两下，这说明宝宝可以进入断奶中期了。

本月宝宝发育指标

本月宝宝的发育速度有所缓慢，指标较上个月来看，身长增加约1.5厘米；体重增长约0.3千克；头围增长约0.5厘米；胸围增长约0.5厘米。

	男宝宝	女宝宝
身长	65.9～76.2厘米，平均约71.5厘米	64.5～74.5厘米，平均约69.2厘米
体重	7.2～11.1千克，平均约8.9千克	6.5～10.1千克，平均约8.1千克
头围	42.4～47.5厘米，平均约44.9厘米	41.3～46.4厘米，平均约43.1厘米
胸围	40.8～49.1厘米，平均约44.5厘米	39.8～47.2厘米，平均约43.5厘米

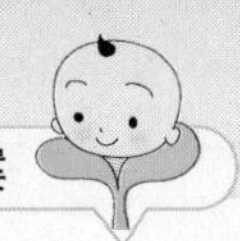

7个月末宝宝个性化档案

体能与智能发育记录

姓名：________________

昵称：________________

民族：________________

体重：____________ 千克

身长：____________ 厘米

头围：____________ 厘米

胸围：____________ 厘米

前囟：____________ ×____________ 厘米

出牙：____________ 颗

会换手抓玩具：第________月第________天

手指会拨弄较小的珠子：第________月第________天

喜欢对着镜子做游戏：第________月第________天

独坐自如：第________月第________天

发出ba、ba、ma 、ma的单音，但还没有具体对象：第________月第________天

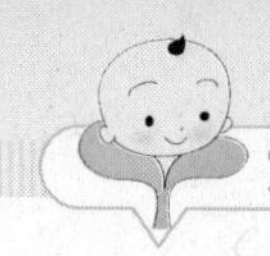

饮食方案——断奶中期给宝宝吃什么

断奶中期是宝宝饮食的一个转型期，不但食物的形状有了变化，而且种类也开始丰富起来，除了可以吃蔬菜、水果外，还能吃一些肉末了，而且口味开始变得丰富起来，对一些含盐、淀粉的食物吃得特别香。妈妈要随着宝宝变化逐步改变饮食。

半固体食物，断奶食犹如“豆腐块”

半固体食物是介于泥状食物与固体食物之间，半固体食物基本成型，其特点为食物较软、水分较少，咬起来犹如吃豆腐块一样。这样的食物适合刚出牙没几天的宝宝。

如果能顺利吞下水分很少的泥状食物，并且一次能吃半碗，就说明宝宝进入蠕嚼期，即可以吃半固体食物。如果还不能吞下，就不要急于给宝宝添加半固体食物，可从吞咽型辅食开始，慢慢减少水分，直到习惯为止。蠕嚼期有两个重要的变化，一是可以用舌头和上颚将细软的食物嚼碎后咽下，另外一个是可以添加一些肉食。

刚开始食物可以做成泥状稍微成形的样子，如切成薄片或者切碎，然后煮成像豆腐一样。

妈妈有时难免操之过急，喂得太快，若宝宝嘴里还有食物时，不能再喂，也不要让宝宝吃得太快，否则会出现囫囵吞枣的

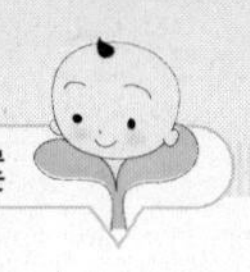

现象。应该一口口地慢慢喂，如此宝宝才能适应这个阶段的磨食方法。

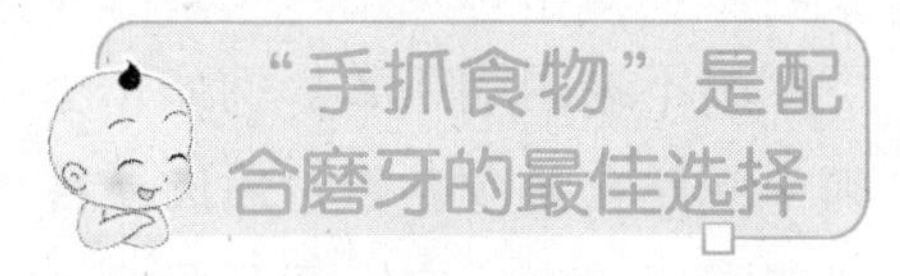

“手抓食物”是配合磨牙的最佳选择

这一阶段宝宝喜欢用手抓东西吃，应该鼓励宝宝自己动手吃。学吃是一个必经的过程。为宝宝准备一些可以用手抓着吃的食物，比如黄瓜条、长条婴儿饼干、面包条。

磨牙面包条

原料：新鲜全麦面包片4片，鸡蛋1个。

用法：鸡蛋洗净，磕入碗中打散；将面包片切成细条状，蘸上蛋液，放入烤箱内烤熟即可。晾至温热后，让宝宝自己拿着食用。

7个月的宝宝已经长出小乳牙，正需要食物磨牙，面包条适合宝宝手抓，且易咀嚼，适合作为磨牙的食物。

条形红薯干

这个食物比较常见，超市里有卖，价格便宜，而且正好适合宝宝的小嘴巴咬。如果妈妈觉得宝宝特别小，红薯干又太硬，怕伤害宝宝的牙床，你只要在米饭煮熟后，把红薯干撒在米饭上焖一焖，红薯干就会变得又香又软。

手指饼干

既可以满足宝宝咬的欲望，又可以让他练习自己拿着东西吃。有时，他还会很乐意拿着往妈妈嘴里塞，表示一下亲昵。要注意的是，不要选择口味太重的饼干，以免破坏宝宝的味觉培养。在宝宝吃完磨牙食品后，通常宝宝都会吃成“大花脸”，妈妈需要花点时间清理“残局”。

水果条、蔬菜条

新鲜的苹果、黄瓜、胡萝卜或西芹切成手指粗细的小长条，清凉又脆甜，还能补充维生素，可谓宝宝磨牙的上品。

辅食喂养要有时间规律

这个时候宝宝吃辅食的时间需要变得更规律一些，1天2次，中午午休后，可以给宝宝加一次水果餐。一般辅食的时间可以选择在上午10点和下午6点各1次，

确定好时间就不要去改变了，这样不仅可以锻炼宝宝吞咽和咀嚼食物的本领，也可以养成规律的生活节奏。

妈妈喂宝宝的时候，要有耐心，不可操之过急，要一口口慢慢地喂，让宝宝逐渐适应。另外，喂奶的次数需保持在3次，并要求宝宝能习惯于喝配方奶。喂食时间应有控制。如果拖太久，宝宝和妈妈都会累，饭菜也会凉，最好调整好时间。大约控制在1小时为宜。喂食时间则在20分钟以内。喂食时间确定后，就不要轻易改变。

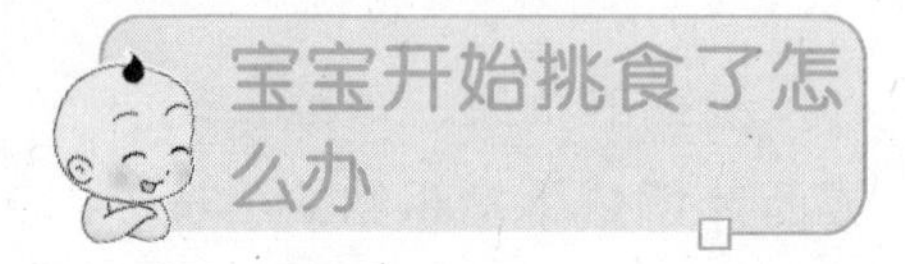

宝宝开始挑食了怎么办

“我家宝宝7个月了，从4个月起我就给他加了大米糊，吃得还不错，但最近好像开始挑食了，特别是蔬菜和鱼，只要一喂马上就会吐出来，似乎非常讨厌，这该怎么办？”

一般宝宝在3岁大时，才会对食物的味道有记忆，开始会辨认什么好吃、什么不好吃，如果不多加注意就会养成偏食、挑食的习惯。但断奶阶段所产生的挑食现象，通常都是因为食物难以下咽或不易咀嚼所致。例如，鱼肉中脂肪含量少，煮过后肉质容易变得比较老，宝宝用牙龈或牙齿、舌头磨不碎，让宝宝很难下咽，于是便会吐出来；而蔬菜中含膳食纤维较高，有时下咽时会引起哽噎，宝宝在咀嚼不烂时，就会吐出来；而一些薯类食物吃起来过于松软，口味不佳，宝宝自然对食物不感兴趣，因此也不会爱吃。

其实，只要改变烹调方法，将食物烹调成口感佳、容易下咽的断奶餐，宝宝自然会爱吃。妈妈不妨试着在薯类辅食中，加一点盐或加入少许酸奶，使味道丰富起来；烹调蔬菜时，可以将其切成小块，上笼蒸熟，绿叶蔬菜可以切碎、切断，搭配面粉做成浓稠汤羹，宝宝一定爱吃。相信只要符合宝宝的口味、口感，宝宝就会爱吃起来。

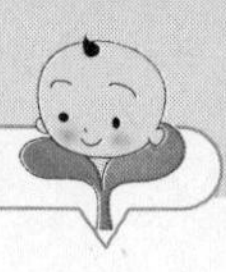

专家提示

7个月的宝宝如突然出现厌食症状，可以暂停断奶并根据宝宝的情况做调整，等宝宝适应后再继续进行断奶方案。

食材推荐：防过敏、助出牙的断奶食材

当父母看到宝宝粉红的牙龈上，长出洁白的小牙时，宝宝可能会因为痒而变得非常想咬东西，此时可以给宝宝添加一些含钙质较粗、较硬的食物，以训练咀嚼能力，有助于牙齿的成长。下面就介绍几种。

糙米

糙米是指除了外壳之外都保留的全谷粒，即含有皮层、糊粉层和胚芽的米。由于口感较粗，质地紧密，煮起来也比较费时；但是糙米的营养价值比精白米高。糙米中钾、镁、锌、铁、锰等矿物质含量较高，还富含维生素B_1、维生素E，能促进血液循环，增强机体免疫能力，有效维护全身机能，而且有助于磨牙，但含有大量膳食纤维不易被人体消化吸收，所以从7个月起可以少量给宝宝喂一点。

利用 做断奶餐时，预先将糙米浸泡2～3小时，然后用搅拌器磨碎，然后再熬煮成粥，也可与蔬菜或其他谷类食物一同熬煮。

保存 为了方便制作，可一次多淘洗一些糙米，沥干水分，用研磨器粉碎，再装入保鲜袋或保鲜盒中，用时取出适量即可烹调。

大麦

大麦含有蛋白质、脂肪、糖类、钙、磷、铁、维生素B_1、维生素B_2等营养成分，具有健脾和胃、宽肠利水的功效。大麦坚硬且有过敏的危险，因此不建议作为断奶初期食材，用大麦煮粥应在宝宝出生7个月后开始食用。

利用 大麦的制作与糙米相同，制作前需预先用清水浸泡2~3小时，然后磨碎后再熬煮成粥，也可与大米、糙米一同煮粥，以减小过敏的发生概率。

保存 为了方便制作，可一次多淘洗一些，沥干水分，用研磨器粉碎，再装入保鲜袋或保鲜盒中，用时取出适量即可烹调。

小米

小米营养价值高，含有蛋白质、糖类、维生素及钙、铁、碘、锌等营养素，还含有人体必需氨基酸，易于消化吸收，常吃可健脾养胃、安神健脑。

利用 烹调前，可用温水浸泡小米30~40分钟，然后再熬煮成粥，也可与蔬菜、黄豆一同熬煮，这样可丰富其中营养。

保存 为了方便制作，可一次多淘洗一些小米，将其沥干水分，用搅拌器磨碎，装入保鲜盒中，放入冰箱冷藏，用时取适量即可快速做断奶餐。

玉米

玉米营养丰富，富含蛋白质、膳食纤维、亚油酸、脂肪、多种维生素及钙、铁等矿物质，其中含有的谷氨酸较丰富，能促进宝宝脑细胞代谢，刺激大脑细胞生长发育，增强宝宝智力和记忆力。所含的膳食纤维能刺激胃肠蠕动，可防治便秘、肠炎等疾病。

利用 玉米颗粒较大且较硬，不易咀嚼，因此制作断奶餐时，需去皮、磨碎，再熬煮成粥，供宝宝食用。煮熟的玉米粒此时还不宜给宝宝食用，避免引起哽噎。

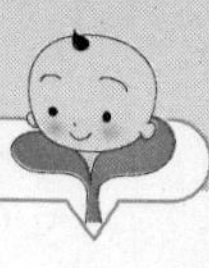

保存 可将玉米粒放入研磨器中打碎，再装入保鲜袋中密封，置于室内阴凉处保存。

洋葱

洋葱营养丰富，气味辛辣，可刺激胃肠及消化腺分泌，增进食欲，促进消化。炒熟的洋葱带有甜味，而且富含蛋白质与钙，且不易引起过敏，可作为断奶食材。

利用 烹调时，可将洋葱切碎后浸泡10分钟，减少辣味，与鸡肉、猪肉、牛肉等肉末混合，可减少肉中的异味，增加美味。

保存 制作断奶餐后，剩余的洋葱可用保鲜膜包好放入冰箱冷藏，但不宜放置时间过久，最好3～4天内用完。

香瓜

香瓜又被称为甜瓜，气味香甜，富含糖类、维生素A、维生素B_1、维生素B_2等营养素，还含有大量水分，具有清热解暑、除烦止渴、利尿的功效，适合多汗的夏季食用。

利用 用刀由头至尾将香瓜一切两半，用勺挖出瓜子，将果肉挖出，放入锅中熬煮片刻，捣烂，就可给宝宝食用了。7个月后可以给宝宝吃生香瓜。

保存 未吃完的香瓜可用保鲜膜包裹剖开面，再用保鲜袋装好，放入冰箱中冷藏；未剖开的香瓜可置于室内阴凉处保存。

香瓜属时令水果，最好当季食用，切不可反季食用，否则对身体不利。

水豆腐

水豆腐质地软嫩，营养丰富，含有优质蛋白、铁、钙、磷、镁等人体必需的多种矿物质，具有补中益气、清热润燥、生津止渴、清洁肠胃的功效。

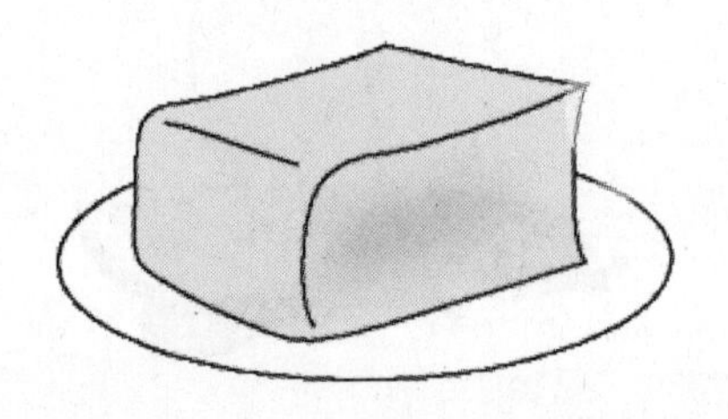

利用 买回来的豆腐可用清水洗净后，切成小块，取适量装入保鲜袋中，用手碾碎，再与蔬菜、肉类混合，制作断奶食。

保存 豆腐不易保存，最好一顿吃完。宝宝吃剩的豆腐需丢弃，不可再次食用。

鳕鱼

鳕鱼肉质厚实，细刺极少，且肉味鲜美，是断奶食材中最常用的海鲜，内含丰富的蛋白质和钙，脂肪含量较低，还含有婴幼儿成长所需的氨基酸，对宝宝成长、构建免疫系统均有益处。

利用 鳕鱼易碎，不宜用煎锅烹调，最好采用蒸、炖的方法，可先将鳕鱼蒸熟，去刺，取适量鱼肉，与粥或糊同煮。

保存 蒸熟剩下的鳕鱼，需晾凉后用保鲜膜包好放入冰箱冷藏，最好2～3天内吃完。

黄鱼

黄鱼营养丰富，富含蛋白质、钙、磷、铁、碘等营养成分，鱼肉组织柔软，易被消化吸收，具有健脾开胃、安神止痢、益气填精的功效，是很好的断奶食材。用盐腌制的黄鱼适合在宝宝2岁后再食用。

利用 烹调黄鱼一般选择蒸的方法，这样不但易去除骨刺，也可减少海鲜的营养流失。可将黄鱼蒸熟后，去骨刺，捣碎与其他食材一同烹调。

保存 剩下的黄鱼可捣碎成泥后装入保鲜袋密封，再放入冰箱冷冻，这样可最大限度地保证鱼肉新鲜。

食谱推荐：10道营养丰富的断奶餐

7个月的宝宝长出了小牙，为了促进牙齿的生长，锻炼宝宝的咀嚼能力，可以给宝宝吃一些水分较少、质如豆腐的食物，食物里可以放少许盐，以成人尝着没味为宜，培养宝宝少盐的饮食习惯。

鸡汤南瓜泥

原料：鸡胸肉200克，南瓜40克，盐少许。

用法：将鸡胸肉放入淡盐水中浸泡半小时，然后将鸡胸肉剁成泥，加入一大碗水煮。将南瓜去皮放另外的锅内蒸熟，用勺子碾成泥。当鸡肉汤熬成一小碗的时候，用消过毒的纱布将鸡肉颗粒过滤掉，将鸡汤倒入南瓜泥中，再稍煮片刻即可。

营养功效：鸡肉富含蛋白质，南瓜富含钙，搭配食用，易咀嚼，有助于宝宝牙齿的成长。

肉蛋豆腐粥

原料：大米60克，猪瘦肉80克，豆腐40克，鸡蛋1个，盐少许。

用法：将瘦猪肉剁为泥，豆腐研碎，鸡蛋去壳，将一半蛋液搅散与肉泥混合；大米洗净，酌加清水，小火煨15分钟下肉泥，继续煮至粥成肉熟，再放入豆腐、蛋液，旺火煮至蛋熟，调入少许盐即可。晾温后，取3～4匙喂给宝宝。

营养功效：肉蛋豆腐粥中蛋白质、脂肪、糖类比例搭配适宜，还富含锌、铁、钠、钾、钙和维生素A、B族维生素、维生素D等营养素，可保障宝宝健康发育。

草莓麦片粥

原料：草莓2～3颗，大米60克，燕麦片20克。

用法：将草莓洗净，去蒂捣成泥；大米淘洗干净，与麦片一同放入锅中，加适量清水，熬煮成稀粥，加入草莓泥调匀，再煮片刻即成。取3～4匙喂给宝宝。

营养功效：草莓富含维生素C，每日2～3颗草莓就能满足宝宝对维生素C的需求，搭配大米与麦片，可提供宝宝大量热量供生长发育消耗。

菠菜粥

原料：菠菜2棵，鸡汤1勺，米饭2匙，盐少许。

用法：菠菜洗净，用沸水焯烫后，切碎；将米饭、鸡汤一同放入小锅中，加少许清水，煮沸后小火煨15分钟，加入菠菜碎调匀，加少许盐调味，再煮1分钟即成。晾温后，取3～4勺喂给宝宝。

营养功效：菠菜营养丰富，搭配鸡汤做成粥，可锻炼宝宝的咀嚼能力，为宝宝补充所需营养，其中含有的膳食纤维可润肠通便，为宝宝清理肠道，改善便秘症状。

蒸苹果

原料：苹果1个。

用法：将苹果洗净，带皮切块，放入碗中，上锅蒸熟，待温凉后让宝宝用手拿着吃。

营养功效：苹果可生津、开胃，同时具有止泻功效，宝宝出牙前会出现拒食症状，苹果食用方便，有助于增加食欲，且可作为宝宝磨牙食品。

龙须面糊

原料：龙须面10克，蔬菜泥少量，温水150毫升。

用法：龙须面倒入沸水中煮烂捞起，把煮熟的龙须面与水同时倒入小锅内捣烂，煮开，加入蔬菜泥调匀，稍煮片刻即成。

营养功效：龙须面的主要营养成分有蛋白质、脂肪、糖类等，面条易于消化吸收，具有改善贫血、增强免疫力、平衡营养的功效，做成面糊更容易咀嚼，有助于宝宝牙齿的发育。

猪骨胡萝卜汤

原料：胡萝卜1小段，猪骨适量，醋2滴，盐少许。

用法：胡萝卜去皮切成小块；猪骨洗净，与胡萝卜同煮，待汤汁浓厚，胡萝卜酥烂时捞出猪骨，去除杂质，滴入2滴醋，加少许盐调味即可。取4～5匙喂给宝宝。

营养功效：猪骨中的脂肪可促进胡萝卜素的吸收，切成小块的胡萝卜，可锻炼宝宝的咀嚼能力，有助于宝宝牙齿的发育。

清蒸鳕鱼

原料：鳕鱼肉300克，葱末、姜丝、酱油、料酒各少许。

用法：将鳕鱼洗净放盘中，葱末、姜丝铺撒在鱼身上，淋上1小匙料酒，2滴酱油，入锅蒸熟即可，蒸熟后，取1～2小块捣烂，给宝宝喂食。

营养功效：鳕鱼有助于增强消化功能和免疫力，如果爱吃还可与粥、糊搭配。

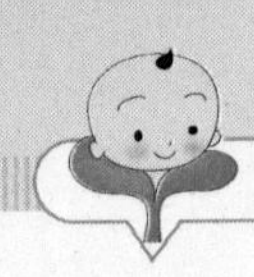

豆腐蔬菜汤

原料：豆腐50克，油菜20克，盐少许。

用法：油菜洗净，切碎；豆腐洗净，切成小薄片；将锅置于火上，加适量清水，煮沸后，放入豆腐、油菜，转小火煨汤，煨20分钟后，加少许盐调味即成。晾温后，取4～5勺给宝宝喂食。

营养功效：豆腐富含蛋白质、糖类及丰富的矿物质，搭配油菜做成汤，口味清淡，营养均衡，适合初次加盐的宝宝食用。

黄鱼粥

原料：大黄鱼肉100克，大米80克，姜末、盐各少许。

用法：黄鱼肉洗净，放入盘中，撒上姜末、盐，上锅蒸熟，取出晾温，剔除骨刺，放入保鲜袋中碾碎；大米淘洗干净，放入锅中，加适量清水熬煮，煮沸时加入碾碎的鱼肉，调匀，继续熬煮至米熟粥烂即可。取4～5匙给宝宝喂食。

营养功效：大黄鱼骨刺较易去除，营养丰富，搭配大米熬煮成粥，可健脾开胃、安神益气，预防宝宝营养不良、贫血的发生。

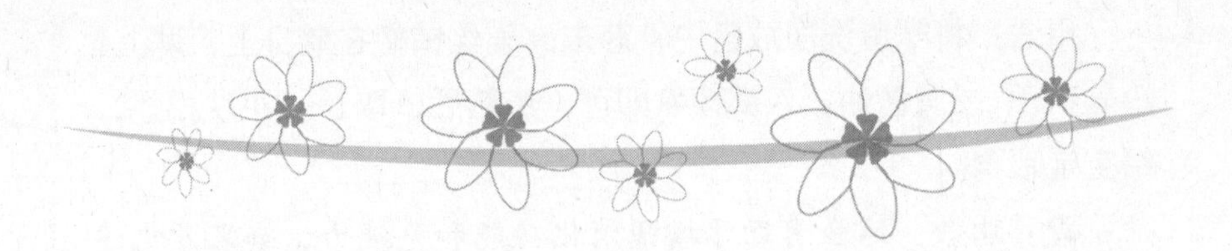

亲子方案——断奶中期和宝宝玩什么

进入断奶中期的宝宝骨骼变得比较结实，可以自己坐着玩，但平衡能力还是较差。宝宝开始有了自己的主张，对不喜欢的东西会表现出愤怒或哭泣，可以理解大人的话，高兴时会发出“咯咯”的笑声。此时，妈妈可以更好地与宝宝游戏，建立更加完善的亲子关系，为断奶做准备。

快乐转转转

游戏步骤

（1）选择宝宝心情好的时候，让宝宝俯卧在床上。

（2）妈妈拿着好玩的或好吃的东西，在宝宝眼前晃来晃去。宝宝会伸手去够，妈妈可故意向一边移动手里的东西，并逗引宝宝跟着移动。

（3）此时宝宝会一步步让上下肢同时腾空，离开床面，只有腹部紧贴着床，妈妈可让宝宝以父母为支点原地打转转，并不时地逗引宝宝变换打转的方向。一般此时妈妈和宝宝都会开怀大笑，反复几次后，需让宝宝停下来，给宝宝表扬和奖励，如将手里吃的或玩的给宝宝。

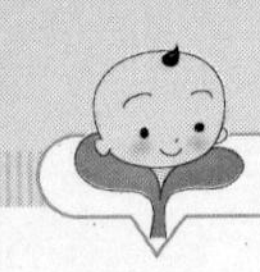

父母须知

这个游戏可愉悦宝宝身心，促进宝宝情绪智力的发展。这个游戏运动量较大，一定要注意调整，并让宝宝及时休息。

骑马快跑

游戏步骤

（1）爸爸坐在椅子上，让宝宝背对爸爸，双腿叉开，骑坐在爸爸的一条大腿上，爸爸双手扶住宝宝的胸部，然后将腿忽上忽下地抖动，并说道："宝宝骑马了，驾，马儿快跑。"让宝宝体会骑马的感觉。

（2）开始时，动作要慢，避免宝宝害怕，几次之后，可加快速度，并变换宝宝的坐姿，让宝宝享受爸爸带来的快乐。

父母须知

这个游戏主要培养宝宝的平衡感，让宝宝学会坐，也可增强宝宝头部和颈部的自控能力，增进亲子关系。值得爸爸妈妈注意的是，此游戏活动幅度较大，不宜在刚吃饱后进行，最好在吃饱后30分钟进行。

小马驹的小马掌

游戏步骤

（1）妈妈坐在沙发上，宝宝坐在妈妈的膝盖上，让宝宝靠着妈妈。

（2）妈妈抓住宝宝的双脚，唱着儿歌："小马驹，钉马掌，吧嗒吧嗒，钉不上，使劲敲，吧……嗒，吧……嗒，哎哟哟，疼死了，疼啊疼，终于钉上马掌了。"

（3）随着儿歌的节奏，轻轻拍打宝宝的小脚，让宝宝感受钉马掌的过程，当唱到"吧……嗒，吧……嗒"时，可放慢拍打的速度，加重力度，唱到"疼啊疼，终于钉上马掌了"时，可停下来，迅速轻挠宝宝的脚掌，让宝宝兴奋起来。

父母须知

这个游戏有助于让宝宝分辨声音，为学习语言打下基础，而且特别适合夜晚哄宝宝睡觉时玩

耍，刚开始宝宝会注意力集中，但当反复几次后，宝宝会在妈妈的轻挠中慢慢睡去。

节约每块食物

游戏步骤

（1）准备一些小块食物（饼干、点心），散放在宝宝面前的桌上，让宝宝坐在椅子上，示意宝宝捡到盘中再吃，宝宝捡到盘中后，妈妈要抱起宝宝亲亲，并给予表扬和奖励。若宝宝没有捡到盘中，妈妈要收起笑容，表情严肃，表示宝宝这样做不对，妈妈很生气。

（2）此时，妈妈要加大拾起食物的难度，把食物放得更加零散，让宝宝将食物收拾在一起，放入妈妈的手里，如果宝宝做到了，妈妈同样要给予表扬，但如果宝宝还是不行动，妈妈要给予引导，观察宝宝是否没学会怎样做。

父母须知

这个游戏可以锻炼宝宝手指和手腕的灵活度，让宝宝养成不浪费食物的好习惯。在游戏中，妈妈要爱憎分明，表情要正式，不要一边训斥一边笑着，这样会让宝宝分不清到底自己是做错了还是做对了。

心得分享——看看过来人的锦囊妙计

7个月后，妈妈的奶水质量开始下降，有些妈妈奶水量开始减少，但宝宝却总是不依不饶地闹着要吃，尤其是没有添加配方奶的宝宝。这些情况可愁坏了没有经验的妈妈，着急、烦恼、疲倦接踵而至。其实，妈妈们不要过于紧张，多做深呼吸，可以多与其他妈妈交流，毕竟过来人更有心得。

狠狠心用配方奶代替母乳

过来人：泡泡（化名）妈妈

"我从宝宝3个月后就上班了，刚开始每天还是照样给宝宝喂母乳，但到了7个月时，我的奶水开始少了，于是准备给宝宝断奶。给宝宝准备了配方奶，可宝宝根本不吃。没办法只能等他很饿的时候才吃，这样第一天总算过去了。等我下班回来看到宝宝可怜的样子，真是心疼得不得了；但我还是忍住没给宝宝喂奶。第二天宝宝很顺利就抱着奶瓶喝了，不过晚上还是要吃我的奶水。这样一直坚持到宝宝10个月，后来我的奶水也慢慢少了，很轻松地就断奶了。"

有些妈妈从7~8个月开始母乳量下降，所以此时不得不像泡泡妈妈那样，给宝宝添加配方奶。但习惯吃母乳的宝宝，大多不会很顺从地吃配方奶，但妈妈需坚持，毕竟这样对宝宝比较好。妈妈们不妨学学泡泡妈妈那样，等

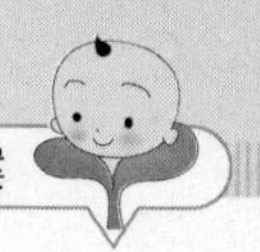

宝宝饿急了再给宝宝吃，这样会比较容易。等宝宝逐渐熟悉配方奶的味道，妈妈奶水也逐渐没有时，就可以给宝宝完全断奶了。

慢慢减少哺乳次数

过来人：雯雯（化名）妈妈

“我家宝宝1岁时断的奶，因为她吃辅食吃得比较好，所以断奶也比较轻松，我用慢慢减少哺乳次数的方式，先从白天开始减少吃奶次数，隔1～2周再减一顿，等白天只剩下两顿左右的时候就开始减夜奶。夜奶减起来比较费劲，我家宝宝每晚要吃两次，所以我先减成1次，后来用配方奶喂宝宝，宝宝才慢慢戒掉了夜奶。之后，慢慢地宝宝也就忘记母乳了，很轻松地给宝宝断了奶。”

断奶需要循序渐进，减少喂奶次数是给宝宝断奶的最好方法，因此，妈妈不妨从断奶中期逐步让宝宝适应这一过程，但要注意辅食的喂养。减少哺乳次数时，可借鉴雯雯妈妈的经验，从最好减的一餐开始减，这样对宝宝影响较小，宝宝不至于刚开始就哭闹不休。

早做准备，循序渐进

过来人：子墨（化名）妈妈

“我认为断奶还是循序渐进比较好，从母乳过渡到吃辅食，再添加配方奶或牛奶给宝宝转乳，应该让宝宝有个逐渐适应的过程。对妈妈来说，也应该早做准备，可以让乳房慢慢回到不哺乳的状态，不至于突然断奶，让乳房胀痛。我家宝宝是从4个月开始的，直到1岁才断的奶，虽然过程挺漫长，但对宝宝的伤害较少，现在跟我还是一样亲。”

给宝宝断奶时，或多或少都会让宝宝感到委屈，同样妈妈也会感到失落，所以为了把影响降低到最小，断奶一定要早做准备，根据宝宝发育情况，循序渐进，一步步给

宝宝断奶。这个过程中，也许有很多挫折，宝宝有时会这也不愿意、那也不喜欢，但只要妈妈和宝宝坚持，结果总会好的。

减少次数，拖长喂奶时间

过来人：依依（化名）妈妈

“我家依依10个月就断奶了，一方面是因为依依喜欢吃辅食，另一方面可能与依依吃饭慢腾腾有关系。依依是个慢性子的孩子，从小吃奶就心不在焉，有时喂半小时，她也就吃几口。6个月时，我开始给宝宝减少喂奶次数，为了让她能吃饱，我就让宝宝慢慢吃，有时宝宝吃得没兴趣了，也就不吃了。后来我又给依依添了配方奶，这下依依就更不爱吃了，就好像感觉吃得费劲似的，10个月时依依就断奶了。其实，我感觉断奶时，只要拖长喂奶时间，缩短喂奶次数，让宝宝对吃奶不感兴趣，断奶还是比较轻松的。”

“细嚼慢咽”能使人感到饱腹感，逐渐减少饭量。依依妈妈的方法就像是让宝宝吃奶时也细嚼慢咽，逐渐降低宝宝的饥饿感，使宝宝对吃奶失去兴趣，从而给宝宝断奶。其实，这样对妈妈来说也非常有好处，宝宝吮吸的次数少了，妈妈乳汁分泌也会减少，对胀奶症状也有所减缓，从而有助于妈妈“回奶”。

第七章

8个月，断奶中期养育方案

转眼间宝宝的行动能力越来越强了，吃起东西来也津津有味了，而且特别喜欢吃有肉的食物，有时喂饭还跟妈妈抢起勺来。看来宝宝真是长大了，该教他如何用勺了，即使会弄得一团糟，也该让宝宝尝试了。饭后，别忘了陪宝宝玩玩游戏，这对断奶是颇有益处的。

本月宝宝发育指标

本月宝宝的发育速度与上个月基本相似，指标较上个月来看，身长增加约1.5厘米；体重增长约0.3千克；头围增长约0.5厘米；胸围增长约0.5厘米。

	男宝宝	女宝宝
身长	65.9～76.2厘米，平均约71.2厘米	64.7～74.2厘米，平均约69.5厘米
体重	6.9～11.1千克，平均约9.2千克	6.5～10.5千克，平均约8.2千克
头围	42.3～47.6厘米，平均约45.1厘米	41.6～46.7厘米，平均约43.8厘米
胸围	40.8～49.2厘米，平均约45.1厘米	39.8～47.8厘米，平均约43.7厘米

咱家宝宝的发育监测记录

8个月末宝宝个性化档案

体能与智能发育记录

姓名：________________

昵称：________________

民族：________________

体重：____________ 千克

身长：____________ 厘米

头围：___________ 厘米

胸围：___________ 厘米

前囟：___________ ×___________ 厘米

出牙：___________ 颗

双手扶物可站立片刻：第________月第________天

会跟着节奏摇铃：第________月第________天

会模仿声音：第________月第________天

懂得大人的面部表情：第________月第________天

可以摞起三块积木：第________月第________天

饮食方案——断奶中期给宝宝吃什么

进入8个月后，宝宝似乎更爱吃一些有硬度的食物，特别是有肉末的饭菜吃得更香，妈妈们不妨给宝宝的饭菜里多来点肉，只要宝宝爱咀嚼，加点硬度也不错，但还是要注意营养，特别要注意让宝宝适量饮水，这样能帮助食物消化。

香蕉片是练习咀嚼的最佳食物

进入8个月，宝宝就要从蠕嚼期转入细嚼期了，这个时期非常重要。宝宝要慢慢开始咀嚼有一定硬度的食物，如块状、条状、片状等。为了能让宝宝更好地适应，妈妈要在软的食物里逐渐增加硬的食物，如在粥里加一些胡萝卜丁、南瓜丁、红薯丁、土豆丁、肉末等。这样吃的时候，宝宝就会用萌发的小牙不停地咀嚼，直到磨碎食物后才咽下。

为了让宝宝更容易适应，可以从香蕉片开始练习。将香蕉切成3厘米厚的切片，在很难咽下去时，可以再切薄一点。妈妈可在一旁与宝宝一同咀嚼，充分锻炼宝宝的咀嚼能力。

但需注意的是，有时宝宝会出现咀嚼疲劳现象，变得不爱咀嚼，此时可以把食物的软硬程度恢复到半固体食物，让宝宝休息一段时间，然后再慢慢适应。切

忌突然转用硬食做断奶餐，影响宝宝的食欲。

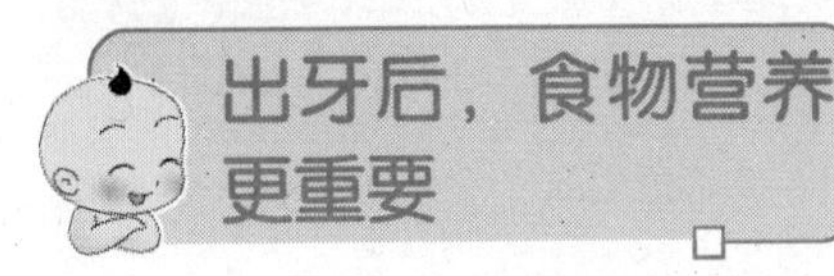

8个月开始，宝宝便逐渐长出牙来。维生素A、维生素D、维生素C是构成牙釉质、促进牙齿钙化、增强牙齿骨密度的重要物质，蛋白质、钙、磷则是牙齿的基础材料。所以在宝宝出牙后，一定要增加富含这些营养素的食物，有助于牙齿的成长，同时为未来吃更丰富的食物奠定基础。

6个月以上的宝宝开始显露出“杂食小动物”的本性，他们会喜欢迷人的肉香。因此，如果在食谱中逐步引入鸡肉、鱼肉、鸡肝、虾肉、猪肉等动物性食品是再合适不过的了。鱼泥、鸡肉泥的纤维细，蛋白质含量高，特别是鱼肉含有较多不饱和脂肪酸、铁和钙，海鱼中的碘含量也很高。这些都可以从6个月开始添加。到了8个月时，肉就不用剁得很碎了，可以烹调成肉末放入粥中，这样粥会显得特别香，宝宝在吃的时候，也会因为有肉而多嚼一会儿，慢慢品尝肉粥的味道。

适时添加肉类，不论从营养上还是口味上都能带给宝宝全新的感觉。减少喂奶的次数，让宝宝随餐进食多样辅食，营养更加丰富。

宝宝的一日饮食不妨这样来安排，早晚母乳各一次，早餐给予肉末菜泥大米粥，午餐搭配碎菜肝末烂面条，下午加些苹果泥和小饼干，晚上做鸡蛋黄鱼羹和碎菜烂饭，也许宝宝会更喜欢。

宝宝不爱喝白开水怎么办

“最近因为宝宝辅食吃得比较多，经常便秘，我想可能是喝水少的缘故，我家宝宝不爱喝水，尤其是白开水，看见白水就向后躲，怎么喂也只喝那么一小口，我该怎么办？”

如果宝宝一时不接受白开水，可多给他喝一些多汁的水果汁，如西瓜、梨、橘子等，最好是自己用新鲜水果自制的。另外，还可以在每顿饭中都为宝宝制作一份可口的汤水，多喝些汤也一样可以补充水分，而且还富含营养。但需要注意果汁与汤的味道都要淡一些，让宝宝逐渐习惯淡淡的味道，逐步过渡到喝白开水。也可给宝宝挑选他喜欢的学饮杯，提高宝宝喝水的兴趣。只要宝宝喜欢杯子，就会爱上喝水。切不可操之过急，过分强迫，只会引起宝宝对水的反感，以后就更不喝白开水了。

食材推荐：防过敏又健脑的断奶食材

8个月时，宝宝的行动能力开始逐渐发达起来，会爬的宝宝视野也更加开阔，这也使得宝宝的大脑活动逐渐活跃起来。妈妈们可以选择一些健脑益智的食物，烹调给宝宝吃，这样更有利于大脑的发育，但需注意的是，此时还是需要防过敏，如吃下后有过敏症状，可等宝宝1岁后再试吃。

黑米

黑米中含有蛋白质、脂肪、糖类、维生素C、花青素、胡萝卜素等营养成分，具有健脾开胃、健脑益智、明目活血的功效。长期吃可以提高免疫功能，还有助于排便。

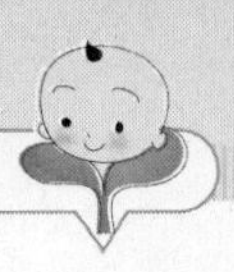

利用 黑米中的营养素来自黑色素中的水溶性物质，所以在烹调前，可简单清洗后，放入研磨器中搅碎使用。黑米不易消化，应磨细一些，便于宝宝消化吸收。

保存 为方便烹调，可将黑米洗净后沥干水分，放入榨汁机中磨成粉状，装入保鲜盒中密封，再放入冰箱冷藏，用时，取干净小勺挖1～2勺即可。

鹌鹑蛋

鹌鹑蛋营养价值与鸡蛋一样高，含有蛋白质、脑磷脂、卵磷脂、赖氨酸、胱氨酸、维生素A、B族维生素等营养成分，其中富含的卵磷脂含量比鸡蛋高3～4倍，可促进大脑和高级神经发育，是宝宝益智健脑的最佳食品。宝宝常吃些鹌鹑蛋还可强壮筋骨，增强机体免疫力，预防疾病。

利用 由于宝宝此时还不能吃蛋清，可将鹌鹑蛋煮熟，取出蛋黄，与粥、糊、泥、煨面等食物混合食用，也可将鹌鹑蛋黄压碎食用。

保存 未经加工的鹌鹑蛋室温下可保存4～5天，放入冰箱冷藏可保存5～7天；煮熟的鹌鹑蛋需装入保鲜袋密封，再放入冰箱冷藏，最好在1～2天内吃完。

酸奶

酸奶是在鲜牛奶中添加乳酸或乳酸菌、柠檬酸发酵制成的。酸奶的营养成分与鲜牛奶相似，但因添加了对身体有益的乳酸菌，其中的酸度增加，蛋白凝块变细，更容易被人体消化吸收，而且还能促进钙的吸收；其中的乳酸杆菌能抑制肠道内的大肠杆菌，防治宝宝腹泻。

利用 一般酸奶保存在冰箱中，给宝宝吃时，可将酸奶盛入小碗中，用开水加热至室温即可。也可与水果粒搭配食用，更增加酸奶的味道。

保存 酸奶需放入冰箱中冷藏，不可在室温下保存，也不可放入冰箱冷冻，这样会损失其中营养。

蘑菇

蘑菇营养丰富，具有健脾开胃、理气化痰的功效，其中含有蛋白质、脂肪、B族维生素、维生素D、多种微量元素及人体必需氨基酸等营养物质。蘑菇中含硒较多，可促进宝宝记忆力与智力，有助于神经系统和大脑的发育，提高机体的抗病能力。

利用 烹调蘑菇前，先用开水焯过，去除毒素，然后剁碎，放入粥、汤、羹中都非常鲜美。

保存 蘑菇容易腐烂，最好是现买现吃，吃不完的蘑菇可洗净后，用保鲜膜包裹密封放入冰箱冷藏，可保存3～4日；如果天气干燥，也可将蘑菇放于屋外晾晒成干，待蘑菇完全干后，用保鲜袋装好即可。用时，取适量用温水泡发，即可烹调。

板栗

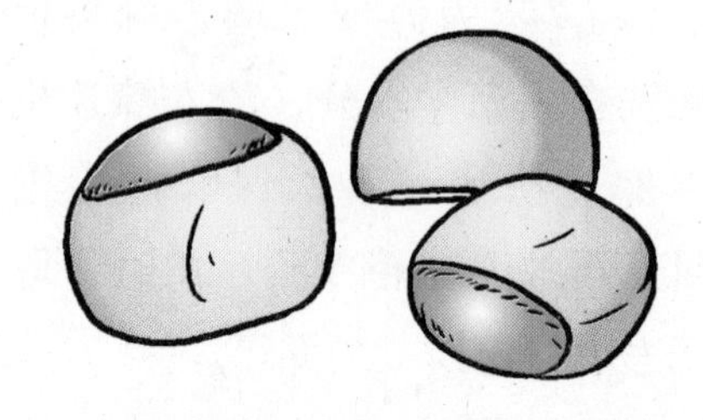

板栗含有糖、淀粉、脂肪、维生素及磷，其中以磷的含量较高，食用后可在体内形成卵磷脂和脑磷脂，有助于宝宝智力的发育，对维护宝宝大脑和神经细胞的结构与功能有着十分重要的作用。

利用 板栗皮较硬，可用小刀将背部划一道口或划十字，再放入锅中熬煮至炸开，过冷水后，较容易去皮。去皮后的板栗用研磨器或小勺捣烂成泥，与粥同煮后，再给宝宝食用。

保存 去皮后的板栗较容易保存，只要将板栗放入保鲜袋中密封，放入冰箱冷藏，可保存

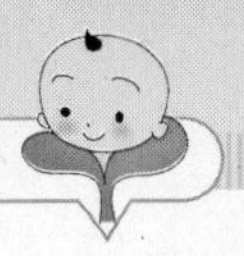

3~5天。

莲藕

莲藕的营养价值很高，其中富含的植物性蛋白，可提高记忆力和思维能力，有助于大脑的发育；富含的铁对缺铁性贫血有辅助治疗的作用，具有生津止渴、健脾养胃的功效。

利用 新鲜莲藕可洗净、去皮、切片，放入榨汁机中打碎再烹调，可与粥、汤同煮，味道比较鲜美。莲藕切开后，剖面部易被氧化变黑，烹调前莲藕切片最好泡入水中。

保存 烹调剩下的莲藕可用保鲜膜包裹密封，放入冰箱冷藏；也可将莲藕切片，放入微波炉中，加热烤干，再打磨成粉，装入玻璃瓶中密封。用时，取适量放入奶锅中，熬煮片刻即成。

芝麻

芝麻常被称为“益寿食品”，它富含蛋白质、脂肪、维生素A、维生素D、维生素E、钙、磷、铁以及卵磷脂、亚油酸等营养物质，具有补血、生津、润肠、养发的功效，常吃还能益智健脑，尤其吃黑芝麻效果更佳。

利用 芝麻较小，烹调前可将芝麻放入研磨器中研磨成粉，待粥、糊、泥等食物烹调好后，放入其中调匀，即可一同食用。芝麻味浓，很容易引起宝宝的拒食，刚开始应少量增加。

保存 为了方便烹调断奶餐，可一次多研磨一些芝麻，磨好的芝麻粉可装入干燥的玻璃瓶中密封，置于室内阴凉处，用时，取适量即可。

香油

香油又称“麻油”，是从芝麻中提炼而来，具有特别香味。香油含有多种人体必需氨基酸，对宝宝大脑的发育非常有益。在粥、泥、煨面中加入1滴香油，不仅闻着香，还有助于增强宝宝食

欲，让宝宝胃口大开，但不提倡多吃，避免宝宝依赖其味，引起消化不良。

利用 从超市购买的成品香油，可在断奶食关火前加入1～2滴，调匀即可。

保存 成品香油较容易保存，只要放在室内阴凉通风处即可，但注意一次不要购买太多香油，放置时间过久的香油易产生哈喇味，影响食物口味。

绿豆

绿豆营养丰富，内含蛋白质、脂肪、糖类及多种微量元素、维生素。因制作方法不同，功效也有所不同，如洗净后水煎至沸，此时的汤可清热解暑、降温祛暑，有助于防治中暑；而洗净后熬煮至豆涨开、汤浑浊，此时的汤可解毒利尿、清理肠道，有助于防治宝宝铅中毒。绿豆性凉，适合夏季饮用。

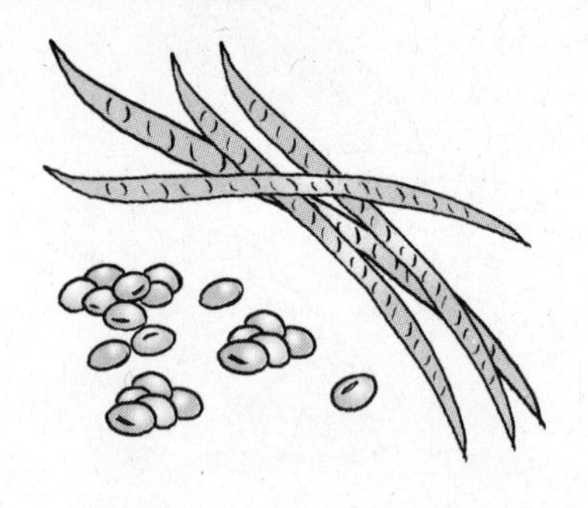

利用 一般用清水浸泡3～4小时，捞出洗净，放入锅中熬煮即可，也可与粥同煮，或放入榨汁机中磨碎，与面粉搭配，制作成绿豆饼供宝宝食用。

保存 为了方便制作断奶餐，可将绿豆洗净，沥干水分，放入榨汁机或豆浆机中，用“搅拌”功能，打磨成粉放入玻璃瓶中，用时取适量即可。

黄豆

黄豆富含优质蛋白、卵磷脂、膳食纤维、大豆皂素、不饱和脂肪酸及多种矿物质，黄豆中富含的优质蛋白能够直接帮助大脑从容应对复杂的智力活动，提

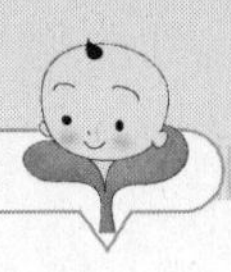

高大脑的记忆能力与思维能力。

利用 可将黄豆浸泡4～6小时，去皮后，用研磨器磨碎，再放入粥、汤中熬煮；也可将泡好的黄豆放入豆浆机中，做成豆浆食用。

保存 干燥黄豆可装入保鲜袋密封，置于室内阴凉处保存；也可将黄豆泡好，放入豆浆机中榨成豆浆，装入瓶中，放冰箱冷藏即可，一般可保存1～2天。

食谱推荐：7道克服挑食的断奶餐

这个时期的宝宝已经接触不少口味的食物了，包括稀饭、高汤、肉泥和菜泥，有时难免会出现挑食现象，但妈妈们不用过于着急，可以适当改变一下烹调方式，选择一些清淡、开胃的食物，口味可以多变一些，这样就会引起宝宝的吃饭兴趣。下面就介绍几种克服挑食的断奶餐。

莲藕芝麻米糊

原料：莲藕1节，芝麻5克，冰糖少许。

用法：芝麻研碎备用；莲藕洗净，去皮，切碎，放入榨汁机中搅打成糊，倒入小锅中，加少量清水，小火熬煮约10分钟，盛入碗中，放入冰糖、芝麻粉，不要搅拌，待宝宝吃时，缓慢搅动，让其香味散出，待宝宝闻到想吃时，再取适量给宝宝喂食。

营养功效：莲藕泥搭配芝麻营养丰富，可健脾开胃，增加食欲，常吃还有助于排除宿便，有利于改善宝宝因积食而导致的拒食、挑食症状。

冬瓜肉末面条

原料：冬瓜100克，熟肉末30克，龙须面40克，高汤、芝麻油各少许。

用法：冬瓜洗净去皮切块，在沸水中煮熟后切成小块备用；将龙须面置于沸水中，煮至熟烂后取出，用匙搅成短面条；将熟肉末、冬瓜块及烂面条，加入高汤大火煮开，小火焖煮至面条烂熟，晾温后给宝宝喂食。

营养功效：冬瓜口味清淡，搭配肉末可解油腻，面条的形状与香味可以勾起宝宝好奇心，增加宝宝食欲，缓解宝宝挑食。

芝麻糙米粥

原料：糙米45克，黑芝麻35克，白糖少许。

用法：黑芝麻除杂后，研碎；糙米淘洗干净，放入电饭锅中，加适量水，熬煮至稀粥，加入黑芝麻拌匀，继续熬煮至米熟烂，温凉后，加少许白糖调味，即可给宝宝喂食。

营养功效：糙米属粗粮，常食能提高宝宝免疫功能，黑芝麻润肠养肝，搭配食用既可补充宝宝每日所需营养，还可预防宝宝便秘，促进宝宝生长发育。

草莓苹果奶昔

原料：草莓2个，苹果1/2个，牛奶150毫升。

用法：草莓洗净去蒂，切丁；苹果洗净去皮，切丁；将牛奶、草莓、苹果块一同放入研磨器中打碎，倒入奶锅中，小火煨至黏稠，倒入玻璃杯中，放入冰箱冷藏，待凝固后，取4～5勺给宝宝喂下。

营养功效：草莓、苹果中的果酸具有健脾开胃的功效，搭配牛奶做成的奶昔，既有果味又有奶味，即使再挑食的宝宝也会吃几口。

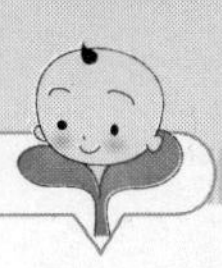

酸奶香米粥

原料：香米、酸奶各50克。

用法：香米淘洗干净，放入锅中，加适量清水，熬煮成极烂的粥，盛出晾至温热，加入酸奶搅拌调匀，即可给宝宝喂食。

营养功效：酸奶中酸性较强，搭配香米可减弱其中酸性，加快胃肠蠕动，增强食欲，缓解宝宝挑食症状。

香蕉牛奶吐司

原料：吐司面包3片，香蕉1根，热牛奶60毫升。

用法：吐司去除四边烤焦部分，切丁；香蕉去皮压成泥；将上述食材一同倒入碗中，加入牛奶，混合各料，即可给宝宝喂食。

营养功效：加入水果牛奶的吐司，营养较丰富，适合宝宝口味，可在宝宝出现挑食时食用。吐司做好后，要尽快食用，否则泡烂了影响口感。

草莓蛋糕

原料：面粉100克，鸡蛋2个，草莓8个，蛋糕发酵粉5克，牛奶、白糖各适量。

用法：草莓洗净，去蒂，切丁；鸡蛋洗净，磕入碗中，打散；将面粉放入小盆中，加入草莓、蛋液、白糖、蛋糕发酵粉混合，再缓缓加入牛奶，调成面糊状，再倒入烤盘中，放入微波炉中，调到中火，烤约10～15分钟（若把握不好可先烤5分钟，打开观察一下，再续烤几分钟）即成。取出后，晾温切成小片，供宝宝食用。

营养功效：草莓蛋糕口味香甜，宝宝较容易接受，也可增强宝宝对食物的兴趣，帮助宝宝逐渐克服挑食的不良习惯。

亲子方案——断奶中期和宝宝玩什么

宝宝8个月时，学会爬行使得视野变得更加开阔，而且手腕与脚的能力也变大了，宝宝此时会乱丢玩具，会丢小物件，会找人，而且大脑的记忆能力较强。因此，妈妈应让宝宝更多地接触其他家庭成员，培养宝宝与爸爸、爷爷、奶奶等家庭成员的亲子关系，不要太依赖妈妈，这对断奶非常有好处。

和小鸭子躲猫猫

游戏步骤

（1）准备一只黄色橡皮鸭子玩具，妈妈先陪宝宝玩一会儿小鸭子玩具，趁宝宝不注意时，妈妈赶紧用枕巾或被褥将小鸭子藏起来，藏的时候故意露出小鸭子的头或脚，然后向宝宝发问："宝宝刚才玩的小鸭子呢？怎么不见了？"引导宝宝寻找。

（2）此时，宝宝会感到很困惑，也很惊奇，即使只看见小鸭子的头或脚，也不会想到那就是小鸭子，妈妈可以指引宝宝寻找，如说："咱们一起找找吧。"然后指着露出的鸭头或脚，说："宝宝，这是什么？快拉开看看，是不是小鸭子？"

（3）宝宝会在妈妈的指引下，动手去拉，但不一定能完全拉开，妈妈可给予一定帮助，让宝宝看见藏在下面的小鸭子，等宝宝拿到小鸭子时，妈妈要称赞

“宝宝真棒”。

（4）一般玩过一次后，宝宝会兴致大起，催促妈妈再次把小鸭子藏起来，这时妈妈要给予配合，将小鸭子或其他玩具用毛巾、枕巾等物品盖住，让宝宝仔细观察、寻找。

父母须知

这个游戏可锻炼宝宝的观察能力，初步具有推断整体的思维能力。这样的推断游戏对宝宝的智力与思维的发展非常有好处，可以经常陪宝宝做，但玩耍时间要有控制，避免影响就餐与睡眠的时间。

全家躲猫猫

游戏步骤

（1）在宝宝心情愉快的时候，爸爸突然藏在妈妈身后，妈妈走到宝宝面前，问：“咦，爸爸去哪里了？”宝宝听见问话后，会到处寻找爸爸的身影。

（2）这时，爸爸突然从妈妈背后伸出头来说：“喵，爸爸在这里，呵呵。”宝宝会高兴得手舞足蹈，于是慢慢知道爸爸在跟自己躲猫猫。

（3）妈妈把宝宝抱到镜子前，将宝宝的两手背在背后，然后对着宝宝问：“宝宝的小手哪里去了？咦，怎么妈妈的手也不见了？宝宝快找找。”此时，宝宝会感觉很沮丧，因为怎么看，也看不见手在哪里，妈妈可以突然将宝宝的手从背后拿出，说：“呀，宝宝的手在这里，呵呵。”让宝宝认识自己的手，同时也认识了妈妈的手。

父母须知

这个游戏可以增进家人之间的情趣，让宝宝情商得以发展，同时也开始产生对妈妈、爸爸的记忆。此游戏可重复进行，但玩耍时动作要轻缓，避免宝宝受到伤害。

照片上是谁

游戏步骤

（1）预先准备一些爸爸、妈妈的单人或全家福照片。

（2）把照片拿到宝宝面前，对宝宝说：“宝宝看看，这是妈妈。”对着宝宝发出“妈——妈”的声音，逗引宝宝模仿妈妈的口形发声。接着，再拿来爸爸的照片，以同样的方式告诉宝宝“这是爸爸”，然后让宝宝模仿“爸——爸”的声音和口形。

（3）妈妈每次发声时，都要注视着宝宝，每发一个重复的音节后，都要停顿一下，让宝宝有模仿的机会。

父母须知

这个游戏可以训练宝宝的发音能力、语言模仿能力，为学语言做准备。为了让宝宝能尽早开口说话，爸爸妈妈可以一起努力，只要宝宝心情好，就可以让宝宝模仿口形发声。游戏时，尽量避免嘈杂，要让宝宝注意力集中，父母的发声也不宜过大，以免宝宝受到惊吓。

前倾后倒

游戏步骤

（1）妈妈坐在地毯上，宝宝赤脚直立在妈妈腿部近膝盖处，妈妈拉动宝宝的双臂，使宝宝往妈妈胸前靠，当贴近妈妈的脸时，妈妈就和宝宝亲一亲。

（2）刚开始动作可以慢一些，避免宝宝害怕，然后再逐渐加大幅度，让宝宝体验刺激。

父母须知

这个游戏可以锻炼宝宝的腿部和脚底肌肉，练习平衡能力；训练宝宝脚底弹性，运动脚趾，刺激运动神经。值得注意的是，在游戏时父母要时刻注意宝宝的状态，如果宝宝害怕，要及时给以鼓励和赞美，让宝宝勇敢、坚强。

心得分享——看看过来人的锦囊妙计

8个月时，大多数妈妈的乳汁量会有所下降，加之添加辅食，妈妈喂奶次数减少，宝宝有时会出现母乳吃不饱的现象，但现在还不是断奶的最佳时期。妈妈此时要有耐心，多让宝宝与家里其他人亲密接触，多与过来人交流经验，只要坚持就会取得好结果。

拇指形奶嘴+爸爸哄哄

过来人：阿浩（化名）妈妈

“阿浩10个月就断奶了，8个月时，我没陪宝宝睡觉，因为听老公说这样不好断奶，于是我让老公哄宝宝睡觉，老公给阿浩买了一个拇指形的安抚奶嘴，让他含在嘴里，慢慢地，阿浩就睡着了，夜里醒了，我冲了配方奶给宝宝，也许是饿急了，以前不愿吃的，那天居然全喝了，后来几天晚上又试了几次，还是肯吃的，到10个月时，宝宝也不主动要奶吃了，也就断奶了。”

断奶期间，爸爸的责任也很重大，进入断奶中期后，爸爸要主动陪宝宝睡觉，尽量少让宝宝触摸到妈妈的身体，这样对断奶很有利。

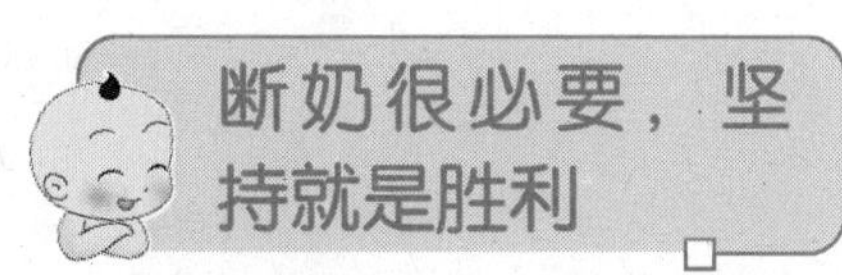

断奶很必要，坚持就是胜利

过来人：小海（化名）妈妈

“宝宝断奶肯定会哭闹，这需要一个过渡期，慢慢地，他就适应了。宝宝基本上是晚上哭，白天挺好的。过了第一天，基本上就成功了一半。这不，断奶一星期，我们家宝宝断奶不仅没瘦还胖了。”

断奶是一个需要宝宝逐渐适应的过程，需要妈妈与宝宝一起坚持，在此过程中，可能有挫折、有心酸，但妈妈一定要镇定，忍住对宝宝的怜惜，多想办法排解宝宝的不适，转移宝宝的注意力，只要几天时间，宝宝适应了，也就断奶了。

奶瘾过去了，就断奶了

过来人：小萨（化名）妈妈

“最近宝宝的奶瘾明显下降，白天从不找奶吃，晚上睡觉也是可吃可不吃的，而且宝宝吃饭吃得很好，我想着这是一个很好的机会，就决定把奶断了。那一周，宝宝只有星期一吃了一次奶，之后就没再吃过，晚上是外婆陪着睡的，睡得还可以，每天早晨5点才醒，没几天宝宝就断奶了，但我的乳房还很胀，后来喝了几天大麦茶才舒服了。我想：宝宝断奶只要奶瘾过去了，自然也就断奶了。”

每个宝宝发育情况不同，有些宝宝会有自主断奶的表现，就像小萨一样，这样的宝宝一般不需要父母操什么心，只要安心等宝宝不再想吃奶了，也就断奶了。但需要注意的是，妈妈一定要用科学的方法回奶。小萨妈妈的做法值得借鉴。

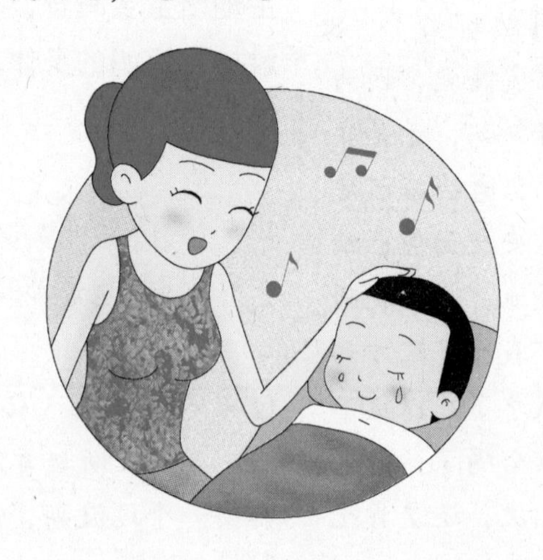

第八章

9个月，断奶中期养育方案

9个月是宝宝断奶中期的最后阶段，此时大部分宝宝都已长出6～8颗牙，食物只要切碎煮熟，宝宝很容易就能咬碎，可以接受的食物也明显增多了。断奶的进程也逐渐加快，为保证宝宝的营养，这个时期妈妈们要特别注意辅食的搭配，可以定期去医院做一下体检，保证营养均衡。

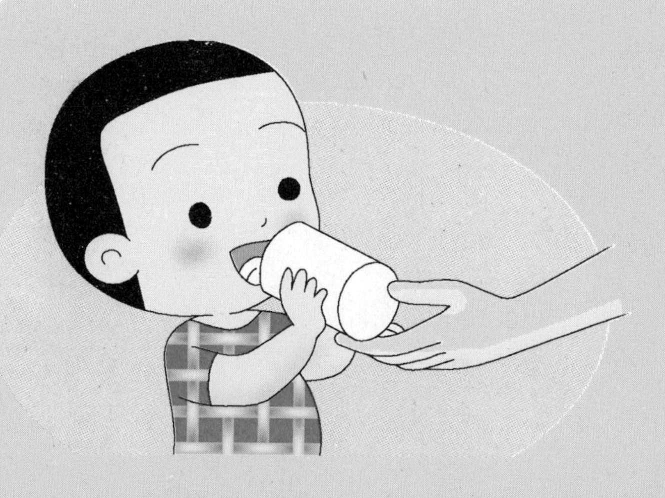

本月宝宝发育指标

本月宝宝的发育指标较上个月来看，身长增加约1.3厘米；体重增长约0.2千克；头围增长约0.35厘米；胸围增长了约0.35厘米。

	男宝宝	女宝宝
身长	68.5～79.1厘米，平均约73.5厘米	67.1～77.9厘米，平均约72.8厘米
体重	7.4～11.4千克，平均约9.7千克	6.8～10.9千克，平均约8.6千克
头围	42.9～48.4厘米，平均约45.6厘米	42.3～47.5厘米，平均约43.8厘米
胸围	42.1～49.5厘米，平均约46.2厘米	41.2～48.2厘米。平均约44.2厘米

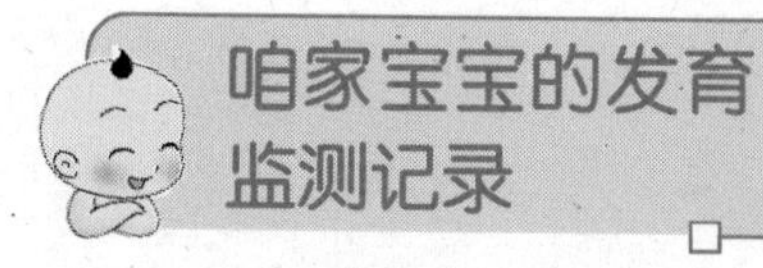

9个月末宝宝个性化档案

体能与智能发育记录

姓名：__________________

昵称：__________________

民族：__________________

体重：____________ 千克

身长：____________ 厘米

头围：___________ 厘米

胸围：___________ 厘米

前囟：___________ ×___________ 厘米

出牙：___________ 颗

爬行自如：第________月第________天

会玩具对敲：第________月第________天

会用动作表示“不”：第________月第________天

会再见、欢迎等简单手势：第________月第________天

可以摞起四块积木：第________月第________天

饮食方案——断奶中期给宝宝吃什么

9个月后是宝宝建立进餐规律的阶段，他们开始登堂入室，在餐桌上占有一席之地了。经过几个月的辅食添加训练，母乳逐渐被配方奶取代，牙齿咀嚼能力也逐渐变强起来，他们可耐受的食物范围扩大了，虽然宝宝在餐桌上仍是个“小麻烦”，但这是让他们领会正常进食规律的一个重要过渡。

香蕉，硬度最适合宝宝的断奶食

此时宝宝虽长出了不少牙齿，但咀嚼吞食还是有点困难。用牙床咀嚼的硬度或用手指压碎的香蕉般硬度的食物是这时期的断奶食合适硬度。这时期应避免坚硬的断奶食和零食，不咀嚼直接吞咽有引起窒息的危险，应注意。

这个阶段最好训练宝宝练习将食物咬成一口口适合自己吞咽的大小。断奶食要制成香蕉样的硬度，食材要切成5毫米大小，这样的食物宝宝只靠舌头是不够的，必须依靠牙龈才能咬碎。

食谱中最好能加上一些可以让宝宝自己把握的食物，例如煮软的红薯、胡萝卜、土豆等，可切成细长的条状喂食，至于食物的硬度要煮到宝宝的牙床可以压碎的程度。

如果妈妈们感觉不好把握，

可将煮软的胡萝卜取出其中一块，手指轻轻捏，便可以压碎，那便可以给宝宝食用了。

一日三餐，逐渐用辅食取代母乳

9个月起，辅食就可改为每天3次了，并成为宝宝营养的重要来源。餐后未必要喂奶，但配方奶每天至少要喂2次，最好安排两次哺乳时间。这个阶段的宝宝每天摄取配方奶的量以500～800毫升为宜。

喝配方奶的宝宝可以逐步使用学饮杯来喝，杯口要适合宝宝嘴的大小。也许宝宝会因为掌握不好，有时会有奶从嘴角流出，但这可以让宝宝逐渐减淡对奶嘴的依赖，为宝宝独立喝水做准备。

闭口咀嚼，培养宝宝吃饭方式

9个月的宝宝好奇心会很旺盛，对汤匙、餐具及食物等都很感兴趣，什么都用手，抓来就往嘴里塞。此时应训练宝宝完成闭口上下运动的动作。

闭口咀嚼，就是将食物放在舌头上，尽量让宝宝闭口，用舌头将食物推到左或右边会长牙处的内部，再利用上下牙龈碾碎食物，学会闭口咀嚼。这样可以培养宝宝良好的吃饭习惯，不会引起长大后还喜欢“吧唧”嘴吃饭的习惯。

闭口咀嚼对宝宝来说是件挺困难的事，通常要达到如大人般熟练的咀嚼，大概要到2岁左右，所以最好从9个月起就开始培养，这是一个长期战。如果宝宝怎么都无法做得很好，妈妈应多加示范。宝宝会一直观察，不久后就会模仿了。

宝宝不爱吃蔬菜怎么办

“自从我前几天给宝宝添加了肉末，他就开始不爱吃蔬菜了，喂一口还会吐出来，这是挑食吗？我该怎么办？”

宝宝对食物有偏好，对宝宝身体的影响非常大，不仅会引起便秘，还会使维生素摄取不足，造成营养不良。这时，父母要多花些工夫，从烹饪方法上做一些改进，如将蔬菜切细一点儿、碎一些，便于宝宝咀嚼，也可将肉末与碎菜混合，增进宝宝食欲。此外，父母要为宝宝做榜样，带头吃蔬菜，并表现出津津有味的样子，切忌在宝宝面前议论自己不爱吃什么菜，以免对宝宝产生误导。也可以通过讲故事的形式让宝宝懂得吃蔬菜可以强健身体，逐渐改变宝宝不爱吃蔬菜的想法。

不要硬逼着宝宝吃，特别是宝宝只对个别几样蔬菜不肯接受时，就不必太勉强了；可以通过其他蔬菜来代替，也许过段时间宝宝自己就又喜欢吃那几种菜了。

食材推荐：防过敏、补蛋白质的断奶食材

此时，宝宝的母乳量减少，为了避免宝宝蛋白质缺乏，妈妈们可以多准备一些内含蛋白质的食材，搭配新鲜蔬菜、水果，保持宝宝营养均衡摄取。

牡蛎

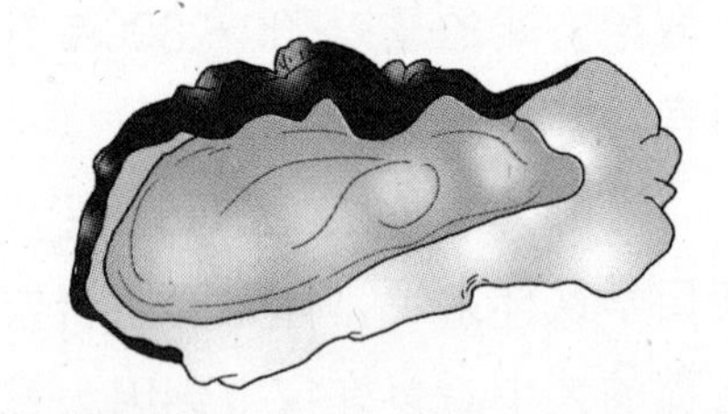

牡蛎肉质肥美爽滑，营养丰富，其中蛋白质含量较高，具有滋补强壮、宁心安神、益智健脑、健脾开胃的功效，对治疗贫血有非常好的效果，而且牡蛎含钙、铁量较高，常吃还有助于骨骼、牙齿生长。

利用 用水冲洗牡蛎很容易失去营养，应用盐水浸泡冲洗，然后用筛子筛一下，滤去水后切碎放入粥中熬煮至熟。

保存 新鲜牡蛎可放入淡盐水中保存，尽量现吃现做，吃剩下的牡蛎粥可盛入保鲜盒中密封，放入冰箱冷藏，吃时加热即可。

黄豆芽

黄豆芽含有丰富的维生素C、蛋白质及多种维生素，具有清热明目、补气养血、防止牙龈出血、心血管硬化及低胆固醇等功效。

利用 黄豆芽顶端部易引起过敏，吃时需去除。烹调黄豆芽时，先择洗干净，去除顶端部，用沸水焯熟，切碎，即可制作断奶餐。

保存 生黄豆芽较不易保存，可将其洗净用沸水焯熟，装入碗中用保鲜膜密封，放入冰箱保存，用时取适量切碎，即可烹调。

鲑鱼

鲑鱼肉质鲜嫩，富含蛋白质、维生素D、不饱和脂肪酸、DHA等营养素，对宝宝智力发育有益，还可补充身体所需蛋白质，适合作为断奶餐的食材。

利用 鲑鱼腥味较浓，制作时，可加入少许洋葱去味。切鲑鱼肉时，可用叉按住鱼肉，按其纤维走向切成片，捣碎，与粥同煮即可。

保存 鲑鱼肉质鲜嫩，可将其剁成鱼泥，装入保鲜盒中密封，再放入冰箱冷藏，一般可保存3～4天。

婴儿用奶酪

奶酪是牛奶中的精华，其营养成分含量比普通牛奶高出很多，尤其是钙含量，是等量普通牛奶的6倍。婴儿用奶酪中的乳酸菌更有助于宝宝肠胃对食物的消化吸收。

利用 由于奶酪为浓缩食品，因此最好不要给宝宝单独食

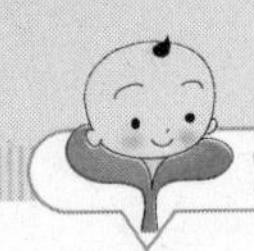

用，可将其与蔬菜泥、糊搭配烹调，如土豆泥、胡萝卜泥等。

保存 一般成品的婴儿用奶酪都有包装，用完一次后，可将包装密封，放入冰箱冷冻保存。

葡萄干

葡萄干为葡萄的干燥果实，甜味较浓，含有丰富的抗氧化成分和促进肠蠕动的果胶，可增强食欲，促进食物消化，具有补血强智、生津除烦、益气利水、滋肾益肝的功效，适合作为宝宝断奶食材。

利用 烹调前，洗净葡萄干，切碎与粥、泥、糊等食物混合即成。

保存 葡萄干适宜保存在阴凉干燥处，夏季炎热时，可将葡萄干放入干燥的塑料瓶中密封，切勿沾染潮气，避免生虫或发霉。

核桃

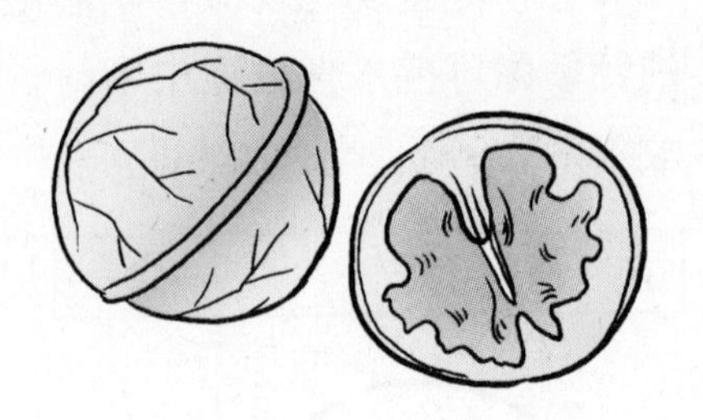

核桃富含蛋白质、脂肪、亚麻酸、维生素A、B族维生素、维生素E、磷脂以及钙、铁等营养物质。其中，亚麻酸进入人体后会转变成DHA，可保障宝宝智力的发育，增强记忆能力，有助于宝宝大脑发育，磷脂对宝宝脑神经也有较好的保健作用，富含的维生素有助于宝宝视力发育，还可增加大脑的记忆力。常给宝宝吃一些核桃，可起到益智健脑的功效。

利用 烹调核桃前，需去壳，用温水洗净，放入榨汁机中打碎，便可与粥同煮。

保存 为方便制作断奶餐，可将核桃去壳，取出核桃仁，放入研磨器中，研磨成粉，装入玻璃瓶中密封，用时取适量即可。但注意不要研磨过多，每次3～4

天的量即可。

冬瓜

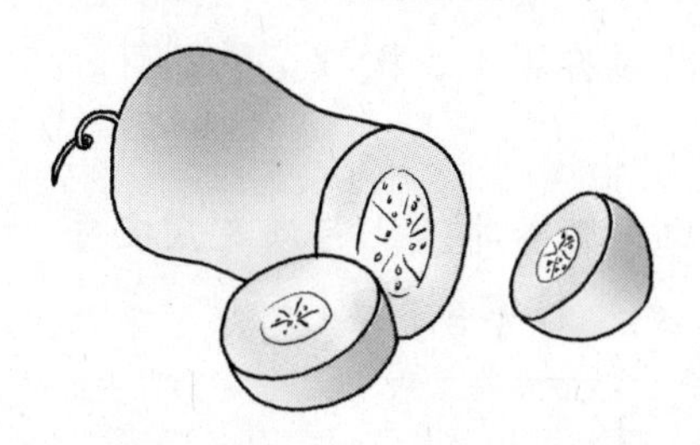

冬瓜绝大部分是水分，营养素含量相对较低，不含有脂肪，胖宝宝可多食。常吃冬瓜可清火利尿、安神醒脑，夏季食用更有利于避暑。

利用 冬瓜皮质较厚，如烹调冬瓜汤可带皮切成大块，入锅炖煮成汤；如烹调冬瓜粥需将皮去除，切块，放入研磨器中搅碎，即可与粥同煮。宝宝10个月后，可将冬瓜切成小块，有利于锻炼宝宝的牙齿。

保存 为了方便，可将冬瓜去皮洗净，切块，用保鲜膜包裹密封放入冰箱中冷藏，每次只能准备2～3顿的量。冬瓜不宜连续食用，避免营养不均衡。

食谱推荐：10道营养丰富的断奶餐

随着使用断奶食的材料种类增多，烹饪方法和食谱也变得多种多样。这个时期是宝宝开始熟悉食物质感的时期，因此这个时期的核心是让宝宝体会到咀嚼的乐趣，但仍应喂熟透的食物。

蒸南瓜（红薯）

原料：南瓜或红薯适量。

用法：将南瓜或红薯洗净，切成5毫米大小的丁儿，置于盘子内，上锅蒸熟即可。

营养功效：南瓜中的甘露醇有通便功效，所含果胶可减缓糖类的吸收。红薯亦可通便。

鱼泥蛋花粥

原料：黄鱼泥40克，鸡蛋1个，软饭1碗。

用法：将软饭放入小锅，加适量开水煮至熟烂，放入鱼泥打散，小火熬煮至沸腾时，将蛋黄打散淋在粥上，搅拌至熟即可。晾温后，取半小碗为宝宝喂食。

营养功效：鱼泥蛋花粥清淡可口，营养丰富，可满足宝宝每日所需蛋白质，还可为宝宝补充铁、钙、锌等营养素。

核桃粥

原料：大米40克，核桃仁20克。

用法：大米淘洗干净，核桃仁洗净；将大米、核桃仁一同倒入全自动豆浆机中，加水至上下水位线上，接通电源，按下指示键，待豆浆机提示煮好后倒出，晾至温热后喂食。也可加入少许糖调味。晾温后，取半小碗为宝宝喂食。

营养功效：核桃中富含脂肪、卵磷脂、亚麻酸、维生素A、维生素E等多种营养素，搭配大米做成粥，可减少油腻，促进食物的消化吸收。

肝泥粥

原料：鸡肝1个，软饭1碗，盐少许。

用法：鸡肝去筋膜，剁碎成泥状备用；将软饭加水煮沸，改开小火，加盖焖煮至烂，拌入肝泥，再煮开即可。晾温后，取半小碗为宝宝喂食。

营养功效：鸡肝含铁较丰富，常吃可预防缺铁性贫血，还能起到明目的作用。

八宝米浆

原料：水发银耳5克，水发莲子3枚，水发百合6克，大枣2枚，核桃仁6克，花生仁5克，黑芝麻3克，粳米60克。

用法：银耳去除黄色杂质，撕碎；百合撕碎；大枣洗净，去核；莲子掰开；核桃仁、花生仁、黑芝麻、粳米分别洗净，沥干水分；将上述食材一同倒入豆浆机中，加水至上下水位线之间，接通电源，按下指示键，待煮好后，倒入碗中，晾温后，取半小碗为宝宝喂食。

营养功效：八宝米浆原料丰富，营养全面，易于宝宝消化吸收。

山药麦片粥

原料：粳米50克，山药35克，麦片25克，枸杞5粒。

用法：粳米淘洗干净；山药去皮洗净，切成小丁；将粳米、山药、麦片、枸杞一同放入锅中，加适量水，煮沸后，转小火熬煮40分钟即成，适口后给宝宝喂食。

营养功效：枸杞能补血明目，搭配山药煮粥可调养脾胃，提高食欲，促进宝宝成长。

牛肉冬菇粥

原料：牛肉35克，冬菇40克，大米45克。

用法：冬菇洗净，切碎；牛肉洗净，放入锅中，加适量清水，煮沸，去除浮沫，捞出，晾凉，切碎；大米淘洗干净，放入锅中，加适量清水，煮沸后，放入牛肉碎和冬菇碎，转小火熬煮至肉烂米熟即成，晾温后，取半小碗为宝宝喂食。

营养功效：冬菇牛肉耐咀嚼，常食不仅可锻炼宝宝的咀嚼能力，而且营养丰富，促进宝宝健康成长。若宝宝咀嚼能力差，烹饪时，可将牛肉、冬菇切碎一些或多煮一会儿。

鸡肉菜粥

原料：大米100克，鸡肉15克，油菜叶10克。

用法：大米洗净，加入7倍的水，熬煮成粥；将鸡肉煮熟切碎，菜叶焯熟，切碎备用；将鸡肉加入粥中煮，加少量盐，以基本尝不出盐味即可；待鸡肉煮软即可加入油菜末，1分钟后关火即可。晾温后，取半小碗为宝宝喂食。

营养功效：油菜中包含多种营养素，钙、铁和维生素C、胡萝卜素的含量都很丰富，搭配鸡肉做成粥，可增加食物中蛋白质、脂肪，使营养均衡摄取。

苹果葡萄干粥

原料：大米45克，苹果1/2个，葡萄干15克。

用法：大米淘洗干净；苹果洗净，去核，切成薄片；葡萄干洗净，切碎；将苹果片和大米一同放入锅中，加适量水，煮沸后，放入葡萄干，转小火慢熬30～40分钟即成。晾温后，取半小碗为宝宝喂食。

营养功效：此粥味道甜美，适合宝宝的口味，还有助于胃肠蠕动，预防宝宝便秘。

火腿土豆泥

原料： 火腿肉10克，土豆1个，黄油3克。

用法：将土豆洗净，上笼蒸熟，去皮，碾碎；火腿肉切碎；将土豆泥、碎火腿、黄油混合调匀，上锅蒸5分钟，即成，晾温后，取适量给宝宝喂下。

营养功效：土豆泥营养丰富，且易吸收，搭配火腿，风味更加独特。

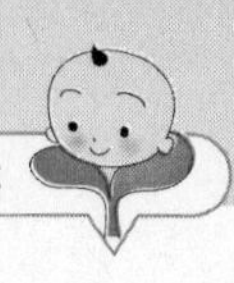

亲子方案——断奶中期和宝宝玩什么

9个月的宝宝变得更加顽皮，更加依赖家人的关心，家人可以多陪宝宝玩一些游戏。宝宝不高兴时，可以用游戏逗逗；宝宝开心时，可以全家人一起参加游戏，增进宝宝对家人的信任感，这对未来断奶都非常有好处。

山那边有什么

游戏步骤

（1）妈妈事先准备好的小玩具放在自己胸前这一边，背对着宝宝躺好，像一座山一样。

（2）回过头，对宝宝说："过来，到妈妈这边来，给你一个好东西。"逗引宝宝爬过来。此时宝宝会很着急，用手去抓妈妈，妈妈可以用手辅助宝宝，让宝宝尽快爬过来。爬到妈妈身上时，宝宝有时会感到害怕，妈妈要给予一些鼓励，让宝宝能勇敢。

（3）宝宝爬过来后，妈妈可以侧躺着，与宝宝一起玩玩具，并称赞宝宝的勇敢。

父母须知

这个游戏可以引起宝宝的好奇心，有助于宝宝智力的开发。值得注意的是，宝宝此时平衡能力较差，还不能稳当地控制自己的身体，所以宝宝在爬的时候，妈妈要特别注意宝宝的安全，尽量用手臂护住攀爬的宝宝，避免宝宝受伤。

和妈妈一起“闷儿”

游戏步骤

（1）将宝宝放在自己的小床上，爸爸在一旁看护。

（2）妈妈突然蹲下，让宝宝看不见自己，然后慢慢探头看宝宝，并对着宝宝喊“闷儿”，宝宝会在逗引中笑起来，然后妈妈再很快缩回头，然后再突然从床的另一边站起，并对宝宝喊着“闷儿”，又缩了回去，让宝宝找不到。宝宝会感到惊奇万分。

（3）接着妈妈再次变换位置，并露出头来，喊着“闷儿”，频频给宝宝惊喜，直到宝宝笑个不停。

父母须知

这个游戏可激发宝宝欢快的情绪，增进母子亲情，同时还有助于智力的开发，特别适合在宝宝情绪不高、不乐意做某事时玩耍。玩耍中，要注意看护，避免宝宝发生意外。

谁给宝宝打电话

游戏步骤

（1）事先准备两部玩具电话，两部电话拉开距离，但不要太远，要保持宝宝能看见妈妈，妈妈也能看见宝宝。

（2）妈妈示意让宝宝拿起电话，然后模拟与宝宝打电话，说：“喂喂喂，是宝宝吗？我是妈妈。”问候一些宝宝能听懂的话，说一些常对宝宝说的话，眼睛看着宝宝，观察宝宝的反应，当要挂电话时，要对宝宝说“再见”，并教会宝宝把电话放好。

父母须知

这个游戏可以让宝宝更熟悉生活用具，对电话不再陌生，还能增强宝宝的听觉，对开发语言有好处。也许刚开始宝宝会感觉好奇，不知道电话是什么，该

如何用，爸爸妈妈可以先教会宝宝，然后再进行游戏。

宝宝滑滑梯

游戏步骤

（1）妈妈可以带宝宝去专用的滑梯前，让宝宝先认识滑梯，告诉宝宝怎样滑。

（2）把宝宝放在滑梯上，妈妈从后面扶稳宝宝，让宝宝身体保持平衡。若滑梯较大，妈妈也可上去，从后面搂住宝宝，控制宝宝身体平衡，然后顺势滑下去。

（3）有些宝宝在下滑时会感到害怕，妈妈可以给予鼓励，先抱着宝宝一点点地下滑，让宝宝逐渐适应。

（4）如果有小伙伴加入，妈妈要让宝宝学会排队，一个一个地滑滑梯，锻炼宝宝交友的能力。

父母须知

这个游戏可以协调宝宝的身体平衡，为将来走路稳当做准备。游戏时，一定要注意观察宝宝的状态，看护好宝宝。

专家提示

9个月的宝宝开始学习站立了，但还不能独自迈步走，因此在陪宝宝玩耍时，要特别注意看护，不可让宝宝离开大人的视线。

心得分享——看看过来人的锦囊妙计

9个月的宝宝基本每日的喂奶次数会减至2次，但奶制品仍是宝宝最佳的食物，如果奶量比较足，妈妈们暂时还不需要考虑给宝宝断奶；母乳量不足的妈妈就该考虑早一些给宝宝断奶了。断奶中会遇到许多问题，妈妈们需要耐心、镇静，实在没辙也可以询问身边的过来人，她们会给你更好的建议。

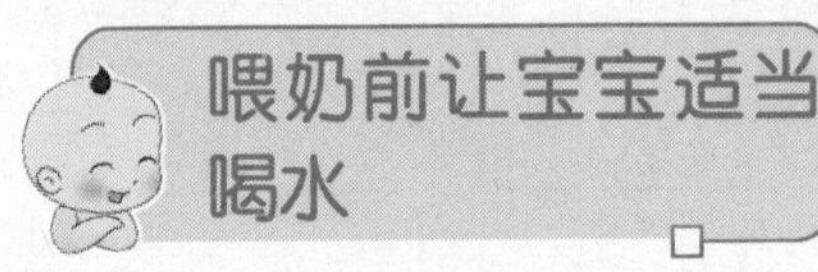

喂奶前让宝宝适当喝水

过来人：小娟（化名）妈妈

“我家宝宝断奶时，还算比较顺利，每次喂奶前，我都给宝宝喂水，每次都用宝宝最喜欢的那个杯子喂，这样宝宝自然吃奶比较少，加上吃辅食和配方奶，逐渐就忘记了吃奶，也就顺利地断了奶。”

“喂奶前喂水”，这的确是个好办法。宝宝胃容量较小，温热的水可以冲淡胃里的消化液，这样就会减轻宝宝的饥饿感，而且一部分水也会占据宝宝的胃容量，宝宝自然吃奶比较少，也就可以逐渐给宝宝断奶了。这样对妈妈回乳也有一定帮助，宝宝吃得少，妈妈的乳汁量也会降低，而且宝宝吃掉了部分奶后，可以减轻奶胀的苦恼。但需注意的是，此时要培养宝宝用杯子喝水，减轻宝宝对奶嘴的依赖。

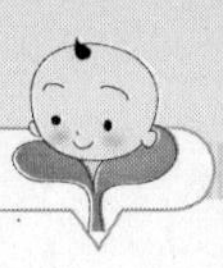

混合喂养比较容易断奶

过来人：晓芙（化名）妈妈

“在我的印象中，听许多人说过断奶的艰难，所以在女儿出生后我就有意识地让她吃一点配方奶。虽然我的奶水充足，但从她出院后3天开始，我会在一周中拿出一天让她吃几次配方奶，一直坚持到3个月。考虑到女儿4个月时我要上班，所以3个月后每周有3天让她母乳和配方奶间隔着吃。我以前是每顿都喝汤，才能保证充足奶水，上班后，中午的饭无法保证，加上孩子很乖，吃配方奶很好，就彻底断掉了母乳。

现在也有一点遗憾，毕竟唯一的孩子只吃了4个月母乳，尤其是刚断奶时，心里很失落，好像断掉了一种和孩子沟通与联系的方式。我认为，如果能坚持母乳喂养还是坚持，但最好有应付紧急情况的办法，不要让孩子一点配方奶不吃，万一妈妈有急事，孩子只能饿着，这样也不好。”

晓芙妈妈的做法值得借鉴。混合喂养宝宝的确比较容易断奶，但也会让妈妈有缺失感。因此，如果妈妈的奶水比较充足，还是建议不要过早断奶，毕竟母乳是宝宝最理想的食物。

白天妈妈陪，晚上爸爸陪

过来人：琪琪（化名）妈妈

“我家琪琪平时很少黏人，但准备给他断奶时，宝宝似乎感应到了什么，特别地黏我。后来老公建议动作不要太大，慢慢地让宝宝适应，于是我白天并不躲着宝宝，主动陪宝宝做游戏，中午午睡时，我也陪着他，晚上老公下班，对宝宝说：妈妈去做饭，爸爸陪宝宝做游戏。并故意不将游戏做完，做到一半时，就让宝宝吃饭，吃完饭，接着玩，等宝宝玩

累了，就带宝宝去洗澡，这样由爸爸哄宝宝睡觉也很顺其自然。”

最好让老公或者孩子平时很喜欢的老人陪着睡，因为琪琪自己住，老人年纪大，而儿子平时很喜欢老公，所以老公是合适人选。特别是第一个晚上，一定让孩子别看见妈妈，否则给予他希望就会没完没了地哭闹，像琪琪妈这样躲起来，由老公带他到别的房间看看妈妈不在，他就会跟着爸爸睡。因为断奶会影响孩子的安全感，所以白天一定让他看见妈妈，妈妈可多陪他玩一会儿。

第九章

10个月，断奶后期养育方案

10个月宝宝逐步进入断奶第三阶段。此时，宝宝对很多食物开始逐渐熟知，对口味也逐渐变得挑剔起来，妈妈们可以每天多给宝宝添加几样蔬菜，也可制作小巧些的食物，引起宝宝的吃饭兴趣，也可通过游戏让宝宝懂得一些道理，预防宝宝挑食、偏食。

本月宝宝的发育基本与9个月时相似，身长增加约1.3厘米；体重增长约0.2千克；头围增长约0.35厘米；胸围增长了约0.35厘米。

	男宝宝	女宝宝
身长	68.5～79.1厘米，平均约73.9厘米	67.3～77.8厘米，平均约72.6厘米
体重	7.5～11.6千克，平均约9.5千克	6.9～10.8千克，平均约8.9千克
头围	42.9～48.2厘米，平均约45.5厘米	41.9～46.8厘米，平均约44.2厘米
胸围	41.8～49.7厘米，平均约46.0厘米	40.5～48.1厘米，平均约44.8厘米

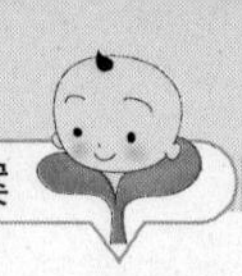

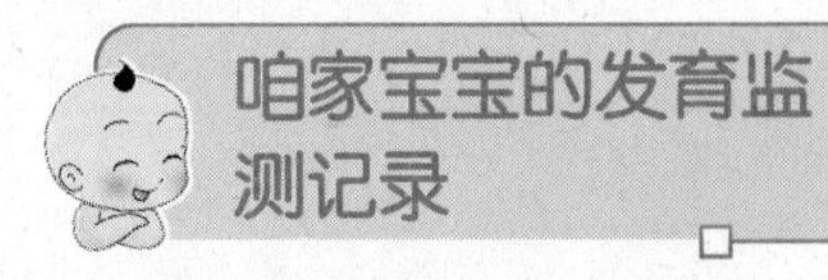

咱家宝宝的发育监测记录

10个月末宝宝个性化档案

体能与智能发育记录

姓名：________________

昵称：________________

民族：________________

体重：___________ 千克

身长：___________ 厘米

头围：__________ 厘米

胸围：__________ 厘米

前囟：__________ ×__________ 厘米

出牙：__________ 颗

手扶栏杆站立自如：第_______月第_______天

拇、食指捏小物件动作熟练：第_______月第_______天

认识常见的人或物，看见时会做出反应：第_____月第_______天

会模仿发音：第_______月第_______天

当面隐藏玩具能找到：第_______月第_______天

饮食方案——断奶后期给宝宝吃什么

断奶晚期断奶食主要含有一定量的块状，相对于中期辅食更加黏稠。为了让宝宝适应固体断奶食，一日三餐一定要有规律，让宝宝逐渐向成人化的餐点过渡，同时可以培养宝宝用勺的兴趣。

稀饭的黏稠度要合适

进入10个月后，宝宝就可以吃较黏稠的稀饭了，此时的稀饭黏稠度与成人基本相似，但米还需煮软一些。熬煮时，可加入比米多3倍的水，米熟后，可以加一些蔬菜、肉末、肝泥等，丰富粥的口味，这样宝宝比较爱吃。

例如：虾仁豌豆泥粥

制作方法：将熟虾仁剁碎备用；豌豆加水煮熟压成泥备用；将大米煮熟后，将熟虾仁碎、豌豆泥及高汤放入锅内，小火烧开煮烂后，加入熬熟的植物油和少量盐即成。

当然，为丰富宝宝断奶餐，还可制作“面糊糊”，也就是我们常说的疙瘩汤，疙瘩汤滑润软香，汤鲜味美，营养丰富，而且制作起来也比较简单。

制作方法：把1/4鸡蛋和少量水放入3大匙面粉之中，用筷子搅拌成小疙瘩，把切碎的葱头、胡萝卜、圆白菜各2小匙放入肉汤煮软后，再把面疙瘩一点一点放入肉汤中煮，煮熟之后放少许酱油

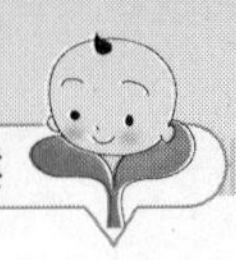

即成。

为适应婴幼儿食用，可以多加一些水，面疙瘩下锅后要多煮一会儿，颗粒尽量小一些，这样比较容易被宝宝咀嚼吞咽。

制作汤羹时，可以在食物熟透后加一点水淀粉，可增加汤羹的浓度，这样宝宝更爱吃。

一日三餐辅食有规律

进入10个月后，宝宝的辅食安排逐渐规律起来，开始逐渐向成人化的饮食时间过渡，每日三餐时间比较固定，一般时间可安排在上午10点、下午2点及傍晚6点各喂一次。每顿辅食的时间控制在3～4小时是比较理想的，要避免清晨、深夜给宝宝喂食，尽量控制在晚上8点前喂完。有习惯晚睡的宝宝，可以延迟到9点再喂，但忌睡前喂得过饱，易影响睡眠。喂饭时间要有所控制，最长时间不宜超过半小时，一般20分钟内吃完比较恰当。

此外，还应补充2次奶。如果母乳充足，可以先喂配方奶再喂母乳，这样吃母乳的量就会减少，有利于逐渐断奶；已经添加配方奶的宝宝，可以不用喂母乳，直接喂配方奶就可以了。有些宝宝此时的夜奶还未断，妈妈可以在宝宝睡前再喂一次配方奶，让宝宝整夜不醒，逐渐断掉夜奶。

专家提示

对于吃饭慢的宝宝，妈妈可以购买保温碗，这样饭菜不易凉，也就不会因吃过冷的饭菜而引起腹泻了。

学用小勺，初步体验如何进餐

进入用牙齿咀嚼的宝宝，对吃饭的动作并不陌生，知道如何配合妈妈将食物吃进嘴里，慢慢咀嚼吞咽，有时甚至会与妈妈抢小勺，希望自己能像妈妈一样用勺吃饭。对于这样的宝宝，妈妈就可以让宝宝试着拿小勺练习吃饭。

开始时，可以将宝宝独自放

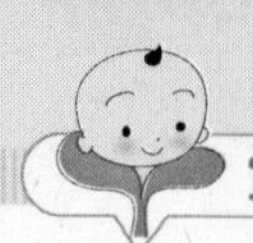

在椅子上，然后把小桌推向宝宝身边，将练习勺递给宝宝，先教宝宝如何抓握。此时宝宝还不会用勺舀起食物，妈妈要帮助宝宝舀起食物，扶住宝宝的手，慢慢移到宝宝嘴巴，待宝宝开始张嘴时，用手扶住宝宝的手，慢慢向嘴里送，使宝宝能更好地吃到食物。宝宝吃到后，妈妈一定要表扬宝宝，称赞他："宝宝真棒，自己能吃饭了！"如此一来，可增强宝宝信心，更乐意学习。

妈妈要多给宝宝机会学习，可每天吃饭时试几次，让宝宝慢慢体会其中的要领。但需要注意的是，饭不宜过烫，最好是选择水分较少的粥或水果泥，只要宝宝爱吃，就会增强宝宝的学习兴趣。

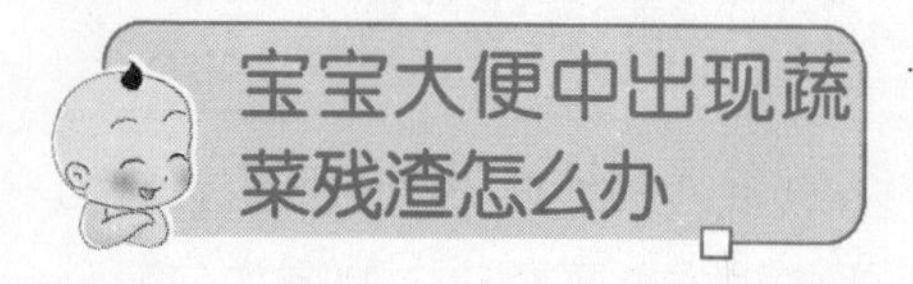

宝宝大便中出现蔬菜残渣怎么办

"我最近开始给宝宝吃切小块的蔬菜了，可宝宝吃了之后，似乎不消化，都3天了，大便里总有些蔬菜渣，我该怎么办？要变回原样吗？"

宝宝的消化系统不太完善，在他的大便中出现混有蔬菜纤维比较多的蔬菜残渣，属于正常现象，不必太担忧。等宝宝的消化功能逐渐完善，这种现象就会逐渐消失。妈妈可以将蔬菜切小一些，煮软一些，这样容易被咀嚼，也容易被消化。但是，如果宝宝出现腹泻等症状就需要注意了。可以去医院化验，看是否有细菌，如果没有，有可能宝宝肠胃对膳食纤维较多的蔬菜不消化，那就少给宝宝添加。可以通过食疗，慢慢恢复宝宝的脾胃功能。

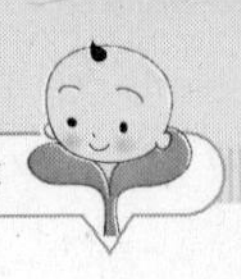

食材推荐：防过敏、益脾胃的断奶食材

从10个月起，宝宝逐渐进入断奶最后阶段，有些宝宝因为饮食的变化，有时会出现食欲不佳、不愿意吃辅食的现象，对此，妈妈可给宝宝准备一些益脾消食的食物，这样可帮助消化，增强食欲。下面就介绍几款制作断奶食的食材。

绿豆芽

绿豆芽中含有的维生素A、维生素C、钙、膳食纤维，有助于增强宝宝食欲，补充所需营养。

利用 绿豆芽不易咀嚼，可洗净后切成小段，与肉类烹调较好。烹调时，可稍喷些醋，避免维生素C与蛋白质的流失。

保存 绿豆芽容易变质，保存时不要沾水，装入保鲜盒密封放进冰箱里冷藏，可保存2～3天，最好尽早食用。

苦瓜

苦瓜有特殊的苦味，含有丰富的维生素C、B族维生素，以及苦味的生物碱奎宁，具有促进食欲、消炎杀菌、利尿提神的作用，适合在宝宝食欲不振、免疫力差时食用。夏季炎热时给宝宝食用些苦瓜，可消暑解热、清心开胃，使宝宝安然度夏。

利用 购买时，要挑选较嫩的苦瓜，这样苦瓜苦味较淡，容易被宝宝接受；烹调时，用沸水将苦瓜焯一下，然后剁碎，用油清炒片刻，即可给宝宝食用。

保存 为便于制作断奶餐，可将苦瓜去子洗净，切碎，装入保鲜盒密封，置于冰箱冷藏即可。

葡萄

葡萄含有丰富的维生素B_1、维生素B_2、铁等营养成分，有益于宝宝的成长发育，预防宝宝贫血。常给宝宝吃几颗可补气强筋、滋阴生津、止渴利尿、增强食欲、调节脾胃功能。此外，葡萄中所含的葡萄糖容易被人体吸收，可以在宝宝无食欲时，为宝宝补充能量。

利用 3岁以前不能直接喂宝宝葡萄粒，容易进到气道里引起窒息，应捣碎后用勺一口口喂。

保存 葡萄不易保存，买回来后，洗净，去除皮和核，用榨汁机榨汁，装入瓶中密封，放入冰箱冷藏；食用时，取适量兑1倍的温开水加热，即可给宝宝饮用。

椰汁

椰汁清凉甘甜，内含丰富的蛋白质、脂肪、糖类以及多种维生素，具有益气补脾、利尿驱虫、滋补清暑、止泻等功效，适合宝宝饮用。

利用 椰汁味较甜、较浓，直接给宝宝饮用，不易被宝宝肠胃消化吸收，需加温水稀释后，煮沸给宝宝饮用，也可加入适量牛奶，制成椰奶即可。

保存 椰汁不宜置于常温下保存，可装入瓶中，放入冰箱冷藏。

花生

花生富含脂肪、蛋白质、糖类、矿物质及多种维生素，营养价值高。其中含有的谷氨酸可促进宝宝的脑细胞发育并增强记忆力，维生素E能增强宝宝的脑功能。但花生易引起过敏，所以添加时需少量。

利用 花生不易咀嚼，如果整颗给宝宝吃还易引起哽咽，所以烹调前要先去壳与红衣，用研磨器将其研成粉，少量添加，与粥、面、蔬菜搭配烹调，也可将花生与黄豆搭配，制成豆浆，也适合宝宝饮用。

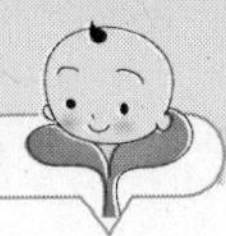

保存 为了方便制作断奶餐，可将花生研磨成粉，装入密封的玻璃瓶中，置于室内阴凉处即可。储藏时间过久的花生易有异味，所以一次不要制作太多，够用5～7天的量即可。

莲子

莲子成青色或青褐色，大小如葡萄粒，含有蛋白质、糖类、钙、铁、锌、磷及多种维生素，具有养心安神、益肾固精、补脾止泻的作用。

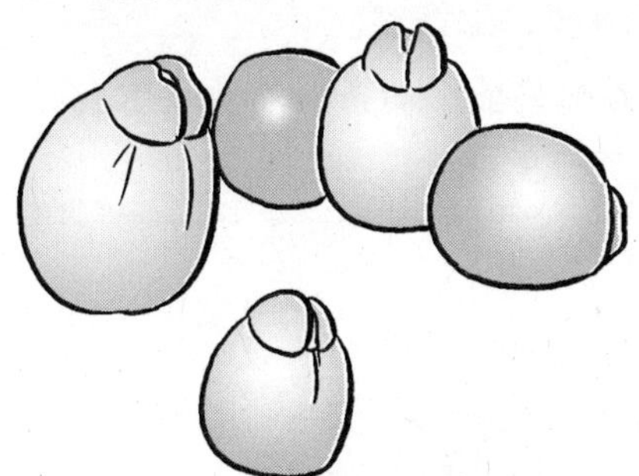

利用 莲子较硬，不易咀嚼，烹调前，需预先用温水浸泡3～4小时，泡软后，去芯，用刀背拍碎，与粥、汤小火煨炖至熟软，用小勺压碎，给宝宝食用。

保存 干莲子需装入密封瓶中，置于室内干燥处保存。也可将莲子泡软后磨碎，装入保鲜盒密封，再放入冰箱冷藏，这样便于制作断奶餐，一般准备3～4天的量即可。

虾

虾的肉质肥嫩鲜美，含有丰富的蛋白质和钙，具有补肾壮阳、养血固精、通络止痛、开胃化痰等功效，而且无鱼腥味、无骨刺，适合宝宝食用。但虾肉容易引起过敏，因此添加时间越晚越好。过敏体质的宝宝应1岁后食用。

利用 去掉背部的内脏后洗净，然后煮熟捣碎后食用。冷冻的虾仁新鲜度大大降低，尽量购买鲜虾。

保存 未加工的虾肉可装入保鲜袋密封，放入冰箱冷冻；但为了更快速制作断奶餐，可将虾处理干净后，用研磨器研碎，装入小碗中，用保鲜膜将其密封好，放入冰箱冷藏即可。

食谱推荐：5道宝宝的开胃断奶餐

10个月的宝宝逐渐熟悉各种食物的味道，有时会出现食欲不振、不愿吃饭的现象，此时妈妈要注意给宝宝烹调一些开胃的食物，逐步增强宝宝的食欲。

番茄鸡蛋面

原料：鸡蛋半个，儿童营养面条适量，番茄1/2个，黄花菜末、花生油、葱丝、盐各少许。

用法：番茄洗净，切碎；鸡蛋打散；锅中淋少许油，稍热，放葱丝煸香，再依次放入黄花菜、番茄煸炒片刻，加入清水，水沸后放入面条，快熟时淋上打散的鸡蛋液、少许盐。

营养功效：番茄富含维生素C，搭配鸡蛋、面条营养更丰富，口味酸香可口，可增强食欲，使宝宝胃口大开。

罗宋汤

原料：番茄1/2个，奶糕1块，牛腩肉100克，土豆1/2个，盐少许。

用法：将番茄切成小丁；奶糕打成糊状；熟牛肉倒入搅拌器，加入牛肉汤打成糊；土豆煮熟去皮，切丁；用小锅将牛肉汤糊、奶糕糊、土豆片、番茄丁一齐加热，微炖后加少许盐调味即成。取半小碗，晾温后，即可给宝宝喂食。

营养功效：此汤营养丰富，均衡饮食，淡淡的酸味能增加宝宝的食欲。

奶香菜花

原料：菜花15克，牛奶30毫升，火腿末10克，盐少许。

用法：菜花洗净，切成小块，放入沸水中，加少许盐，焯煮片刻，捞出；另起一锅，放入菜花、牛奶、火腿末，熬煮至牛奶被菜花火腿末吸收即成，适口后，给宝宝喂食。

营养功效：菜花不宜切得太大或太碎，太碎不利于宝宝咀嚼，太大易使宝宝哽噎，应以宝宝适口为宜。

南瓜拌饭

原料：大米45克，南瓜25克，白菜叶1片，高汤少许。

用法：南瓜去除瓤、皮，洗净，切丁；白菜叶洗净，切碎；大米淘洗干净，放入电饭锅中，加水适量，煲煮至沸腾时，放入南瓜粒和白菜叶，加入少许高汤，混合拌匀后，继续煲煮至熟烂即成。适口后，给宝宝喂食。

营养功效：南瓜是宝宝辅食的最佳食品之一，易咀嚼吞咽，做成拌饭，可提高宝宝吃饭兴趣，增强宝宝食欲。

鸡蛋饼

原料：面粉2勺，鸡蛋1个，水1勺，盐、油各少许。

用法:将鸡蛋搅打均匀；加面粉、水、盐继续搅打成糊；将煎饼锅内放适量油加热，舀一勺鸡蛋糊均匀倒入饼锅，左右摇动饼锅使蛋糊摊开，摊成双面淡金黄色薄饼，将薄饼入盘。晾温后切成小块，即可让宝宝取食。

营养功效：鸡蛋饼营养丰富，外形易引起宝宝的好奇心，增强宝宝的食欲。

亲子方案——断奶后期和宝宝玩什么

宝宝10个月开始学会走了，但平衡能力较差，所以适合宝宝的游戏仍以坐着为主，但也要注意锻炼宝宝腿部力量。对比较依赖妈妈的宝宝，爸爸可以在宝宝睡前讲讲故事，既可让宝宝很快入睡，也可增长宝宝见识，而且可减淡对妈妈的依赖，对断奶也有好处。

争做小小美食家

游戏步骤

（1）预先准备一些鲜榨的果汁、菜汁、醋、苦瓜丁、辣酱等食物。

（2）先将鲜榨果汁和菜汁拿来给宝宝品尝，告诉宝宝："这是果汁，这是菜汁。"宝宝此时会拿到手中品尝。妈妈可在宝宝喝完后，观察宝宝的反应，若是宝宝喜欢喝果汁，妈妈要总结似的对宝宝说："宝宝爱喝甜味的果汁。"

（3）用小匙舀一匙醋，放在宝宝的鼻子前让他闻一闻，或者尝一尝。宝宝会对醋的味道感到刺鼻，把头扭到一边，也会在尝过醋味后，皱眉，做出非常痛苦的表情，此时妈妈要告诉宝宝，"这是醋，是酸的，宝宝不喜欢吃太酸的食物。"

（4）妈妈可将苦瓜丁剁碎一些，用小匙舀一点，让宝宝用舌头舔舔，宝宝会感到很苦，不停地吐舌，妈妈要告诉宝宝："这

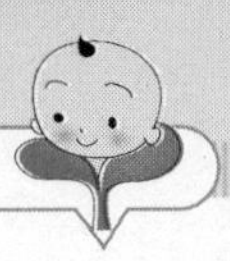

是苦味，宝宝不喜欢苦味。”

（5）妈妈要拿比较有辣味的辣酱，放在宝宝鼻前，让宝宝闻到刺鼻的辣味，此时宝宝会迅速扭头，不去品尝，此时，妈妈要告诉宝宝：“这是辣味，宝宝太小不能吃辣。”反复做几次，宝宝就能敏锐地分辨出味道了。

父母须知

这个游戏可以训练宝宝的味觉辨别能力，通过刺激宝宝舌头上的味蕾，开发嗅觉、味觉与动作的联系。值得注意的是，此游戏最好在宝宝饭前做，这样有利于增强宝宝的食欲。此外，当遇到苦、辣等让宝宝不适的味道时，妈妈应对宝宝挥手，示意闻闻就可以，不要品尝。

睡前故事真好听

游戏步骤

（1）预先准备一本有图的故事书，到了宝宝睡觉时间了，妈妈先把宝宝抱到床上，然后拿出故事书，侧躺在宝宝身边。

（2）爸爸讲故事时，语音语调要轻缓、温柔、生动，讲的同时可以把着宝宝的小手指着图中的事物，让宝宝有所认识。

（3）随时观察宝宝的反应，如果宝宝很投入的话，妈妈会发现他的表情、眼神会跟着书中的情节发生变化。有时会因为故事的主人公被抓了而着急，但当听到主人公被救出来的时候，他又会舒缓下来。

（4）由于宝宝小，记忆能力并不强，因此一个故事可以重复念好几次，但注意声音要逐渐变小，直到宝宝入睡才停止。

父母须知

这个游戏通过讲故事增加宝宝的记忆素材，让宝宝在不知不觉中记忆一些东西，同时宝宝也能感受到爸爸妈妈的关爱。听故事是宝宝发展情感和理解事物的好办法，经常在宝宝睡前讲故

事，不仅能避免宝宝闹觉，而且有助于宝宝增长见识。

舌头动一动

游戏步骤

（1）妈妈可在宝宝兴致不高的时候，伸出舌头扮个鬼脸，逗引宝宝模仿，让宝宝学会动舌。

（2）妈妈可以在宝宝的嘴角涂抹少许食物，自己也涂抹上，先示范给宝宝看，逗引宝宝舔食，让宝宝多动舌。

（3）在宝宝咿呀说话时，妈妈可以教宝宝发“舌”音，宝宝要模仿的好，妈妈要给予鼓励。

父母须知

这个游戏可以训练宝宝的舌头灵活度，为以后说话做准备。值得注意的是，涂抹在嘴角的食物最好是宝宝爱吃的，这样宝宝才更有兴致去舔，当宝宝舔不到食物着急时，妈妈要及时给予帮助，避免宝宝情绪低落或焦躁。

宝宝跳跳跳

游戏步骤

（1）妈妈手扶宝宝腰间坐在地板上，让宝宝背对自己站立，然后唱起欢快的儿歌：“一只青蛙一张嘴，两只眼睛四条腿，扑通一声跳下水；两只青蛙两张嘴，四只眼睛八条腿，扑通扑通跳下水……”

（2）伴着儿歌让宝宝腿部自然弹跳，唱到“扑通一声跳下水”时，妈妈托住宝宝腋下举起来，让宝宝有跳跃的感觉。反复几次，可以加深宝宝领悟弹跳的感受。

父母须知

这个游戏通过抱着宝宝做跳跃动作，锻炼其腿部肌肉和膝关节的屈伸，为宝宝以后行走打下基础。值得注意的是，唱儿歌的时候尽量唱得慢一些，有利于宝宝的记忆发展，如果宝宝兴趣高，可以多玩几次，但要时时注意安全，不要伤到宝宝。

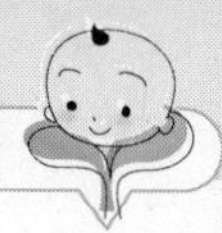

心得分享——看看过来人的锦囊妙计

10个月是宝宝断奶的最佳时机，一些添加辅食正常、吃配方奶比较好的宝宝，妈妈就可以让宝宝断奶了。但有些问题仍困扰着妈妈，如季节的选择、宝宝喜欢含奶嘴等。那么，妈妈们该如何解决呢？让我们看看下面几位过来妈妈的经验吧！

选择好季节断奶更合适

过来人：欣欣（化名）妈妈

“一般来说，寒冷天和酷暑天，宝宝的抵抗力有所下降，所以最好不要选择冬季和夏季给宝宝断奶，等到春季或是秋高气爽的季节比较适宜些，我家宝宝就是在10月断奶的。”

季节对宝宝断奶的影响比较大，尤其是夏季最不宜断奶，夏季天气炎热，人体脾胃不和，常会出现脾胃疾病，如果给宝宝断奶，很容易引起疾病，从而重新开始吃奶。所以，正如欣欣妈妈所说，断奶要选择好的季节，的确10月份是个断奶的好季节。

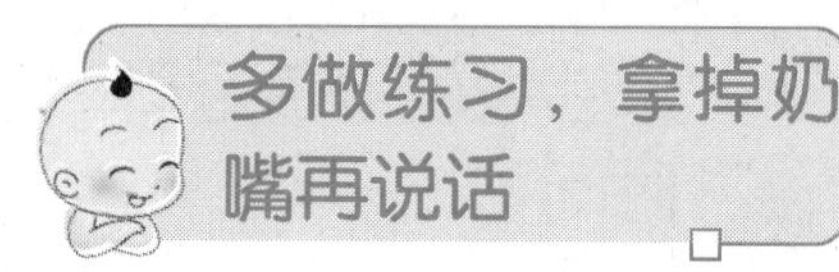

多做练习，拿掉奶嘴再说话

过来人：小涵（化名）妈妈

“我家小涵吃奶并不多，但总是喜欢含着乳头，因为担心以后不好断奶，于是，我给宝宝买了奶嘴，给宝宝用了后，宝宝居然不吵着要吃奶了，但却常常都含着，一拿掉就哭，后来我和宝宝一同训练，只要我对宝宝说

话，就轻轻地帮宝宝拿掉奶嘴，并告诉宝宝含着奶嘴妈妈听不清你说话。经过几次训练，宝宝记住了，跟我说话，就吐出奶嘴。慢慢地因为宝宝不吃奶了，我的奶水也少了，就给宝宝断奶了，但宝宝还是喜欢含着奶嘴，以后再慢慢给她改吧！”

安抚奶嘴是可以帮助宝宝逐渐淡忘吃奶，但总含着奶嘴会阻碍宝宝的语言行为，因此，妈妈一定要在跟宝宝说话时，轻轻地帮宝宝拿掉奶嘴，并且告诉他，你含着奶嘴我就听不清你说话了，这样宝宝就知道了，不能一直含着奶嘴，逐渐减少含奶嘴的时间。

减少宝宝的无聊时间

过来人：茜茜（化名）妈妈

“我家茜茜喜欢吸奶嘴，尤其是在无聊的时间里，奶嘴就没离开过嘴，而且含着含着还会想起吃奶。于是，为了不让宝宝总吸奶嘴，我就给宝宝唱简单的儿歌，给她看有趣的动画片，宝宝一笑就会自然吐出奶嘴。周末时，我会陪宝宝外出看看花花草草，这样她无聊的时间少了，自然也就不含奶嘴了，而且饭量也好了很多。”

宝宝在无聊的时候，会特别依赖奶嘴。那么，就尽量不要让他无聊。增加与宝宝游戏的时间，让他的注意力转移，宝宝对游戏的兴趣足以让他放弃奶嘴。

第十章

11个月，断奶后期养育方案

进入11个月后，宝宝各项能力越来越强，此时宝宝动作、表情也逐渐丰富起来，虽然还不会与大人对话，但大人说的话基本都能听懂了。此时，妈妈们遇到问题可以与宝宝好好交流，等宝宝逐渐适应就会配合。此外，由于宝宝的饮食已经是一日三餐制了，可以多让宝宝同家人一起吃饭，这样也可培养宝宝与家庭成员的亲密关系。

本月宝宝发育指标

本月宝宝的发育指标较上个月来看，身长增加了约1.1厘米；体重增长了约0.22千克；头围增长了约0.32厘米；胸围增长了约0.3厘米。

	男宝宝	女宝宝
身长	70.8～82.3厘米，平均约76.2厘米	69.8～80.8厘米，平均约75.8厘米
体重	7.8～12.1千克，平均约9.9千克	7.2～11.6千克，平均约9.5千克
头围	43.5～48.5厘米，平均约46.1厘米	42.7～47.3厘米，平均约45.3厘米
胸围	42.2～50.1厘米，平均约47.2厘米	41.2～49.2厘米，平均约45.4厘米

咱家宝宝的发育监测记录

11个月末宝宝个性化档案

体能与智能发育记录

姓名：________________

昵称：________________

民族：________________

体重：__________ 千克

身长：__________ 厘米

头围：__________ 厘米

胸围：__________ 厘米

前囟：__________ ×__________ 厘米

出牙：__________ 颗

独站片刻：第________月第________天

用纸包裹的玩具，能被取出：第________月第________天

理解“不”的含义：第________月第________天

有意识的发音：第________月第________天

会将玩具放入杯中，然后再取出：第________月第________天

饮食方案——断奶后期给宝宝吃什么

11个月起，妈妈要开始逐步为宝宝正式断奶做准备，饭菜要定时喂，一日三餐一餐也不可缺，尽量让宝宝吃饱，平时要让宝宝多喝白开水，当然配方奶也不可少，有条件的可以给宝宝喝一杯酸奶。此外，还是要注意多训练宝宝咀嚼与使用小勺、杯子等用具，让宝宝逐步适应，逐步向成人化的饮食方式过渡。

断奶食物硬度再升级

11个月的宝宝已经长出了几颗切齿，开始用前齿咬断食物，并用牙床咀嚼了。此时，宝宝的食物应该有一定的硬度，其硬度相当于“肉丸子”。胡萝卜类的食物只要煮得稍软，便可以加入辅食中。不过还是要注意食物不能太硬，应等18个月大后再开始喂食幼儿食品。

容易吞咽的食品和需要咀嚼的食物可以穿插调理。这时，如果能给宝宝一些容易抓食的食物，如面包条、煎饼块、自制蛋糕块等，在品尝的过程中，宝宝也可从中体验出适合自己一口吃下去的分量。这有助于宝宝咀嚼能力的发育，而且也能提高宝宝抓握的能力，对学习用勺和水杯都有好处。

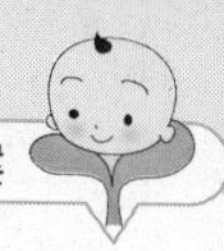

食物要制作得尽量适合宝宝嘴的大小，便于宝宝一口口吃。

辅食成为正餐，营养均衡很关键

11个月的宝宝饮食方式还是要延续上个月一日三餐制，辅食要逐渐取代母乳或配方奶的地位。如果超过1岁还过度依赖配方奶或母乳的话，可能会导致营养不良，甚至影响发育。宝宝11个月的喝奶量每天应限制在300～400毫升。这也就意味着大部分的营养要通过辅食来供给，妈妈们要特别注意膳食的合理搭配。每日不仅要吃主食，还要吃蔬菜、水果，并且一次吃两种以上营养食物。虽然每天不能补全所需营养，但至少每隔2～4天需要均匀摄取营养。

因此，如果宝宝有挑食、偏食的现象，妈妈一定要注意调整，可以将蔬菜和肉混合，做成小巧的水饺、包子、馄饨、煎饼等，这样更容易被宝宝接受。对于偏食较严重，甚至出现厌食的宝宝，妈妈要及时带宝宝上医院就诊，检查一下宝宝身体到底出了什么问题，及时给予有效的治疗。

此外，不吃配方奶或准备断奶的宝宝，妈妈要注意给宝宝加2次点心。由于宝宝要消耗的能量比较多，只靠三餐的营养是不够的。加点心的时间可固定在早餐与中餐2小时后给，这样既不会影响正餐，还能为宝宝补充能量。刚开始最好以乳制品食物为主，如酸奶、优酸乳、果奶味饮料等，这样便于宝宝吸收消化。切忌用零食安抚不吃饭、哭闹的宝宝，以免养成挑食的习惯。

使用水杯、勺，逐步向独立进餐过渡

宝宝从9、10个月起，开始试着学用杯子与勺等用具，但只是试试而已。到了11个月，要尽可能让宝宝学着用，逐步用水杯代替奶瓶，逐步熟练小勺的使用方法，为幼儿期独立喝水、吃饭做准备。

此时，宝宝的抓握能力还不是很强，水杯最好选择双耳型的，这样便于宝宝抓握。使用杯子并不需要特别复杂的练习，只要宝宝开始习惯用杯子饮水的方式，就可以让宝宝快乐地喝东西了。使用时，要注意两点：一是杯缘不要放在门牙后方；二是将水杯中的液体缓缓倾向上嘴唇，宝宝自然将上嘴唇闭合，脸上仰，就可喝到杯中的液体了。

学会自己喝水

宝宝此时还不能正确抓握小勺，所以妈妈们不要因为宝宝的抓握方式不对而不停地纠正，引起宝宝反感，丧失学习的兴趣。妈妈还是如上个月一样，让宝宝抓握练习吃饭用小勺。一般这种勺便于宝宝抓握，而且舀起的食物较少，宝宝吃时也会较容易送进嘴里。妈妈可在吃饭时，先让宝宝试几次，再喂饭，这样既能让宝宝有学习的时间，也不会耽误宝宝吃饭。宝宝用勺不是一朝一夕之间就可学会，一般要等到宝宝2岁后才可独立吃饭，所以妈妈们可别操之过急，要让宝宝一步步来，耐心很重要。

专家提示

宝宝好奇心较强，有时会因为好奇而转动杯盖，或用小手抠杯嘴的眼儿，妈妈在给宝宝使用杯子时，一定要上紧杯盖，并给宝宝洗干净小手，宝宝喝时注意看护，有奶流出要及时擦干净，避免湿疹、烫伤、细菌感染等情况的发生。

宝宝喜欢上了味重的食物怎么办

“最近我家宝宝好像很喜欢吃味重的食物，似乎多放些盐，宝宝吃起来更香，味淡的辅食越来越不爱吃了，这该怎么办？”

估计很多妈妈都会遇到这样的问题，宝宝很容易习惯味重的食物，但盐分摄取过多，对宝宝

尚未发育完全的肾脏会造成很大的负担。因此，宝宝每顿辅食的调料应控制在0.3克以内，大约是两手指捏起一小撮般的分量即可。

对拒绝淡口味辅食的宝宝，妈妈要将食物味道加以调剂，例如，只在其中的一道菜中放盐，其他菜可以是甜或酸口味来代替，这样宝宝在吃辅食时，就会综合菜肴中的口味。只要调味恰当，尽量使菜肴口味丰富，满足宝宝的味觉发育，宝宝就会恢复正常了。

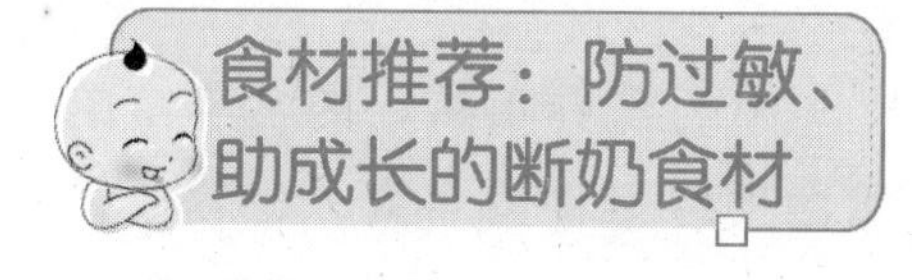

食材推荐：防过敏、助成长的断奶食材

从11个月起，大多数宝宝能吃的食物已经不少了，可以试着给宝宝添加成人常吃的食物，这样有助于使宝宝逐步向成年人的饮食过渡。

甜椒

甜椒微辣，具有温中下气、散寒除湿、开郁去痰的功效，其内含丰富的维生素C，一个甜椒中的维生素C含量等同于一个鲜橙中的维生素C含量，但宝宝有可能拒绝甜椒特有的味，因此添加需少量，可与鸡蛋、红薯、土豆、番茄等食物搭配，调剂口味，增加宝宝食欲。

利用去子切成5毫米大小后放在粥里煮熟喂，适合与红薯、鸡蛋黄一起配餐。

保存未沾水的甜辣椒保存时间较长，所以可用保鲜膜将甜辣椒包裹，放入冰箱冷藏即可。

茄子

茄子口感柔软，易消化，营养丰富，具有散瘀消肿、止痛祛

寒、疏风通络的功效。常食茄子，可降低胆固醇含量，增强免疫力。

利用 茄子切开易氧化变黑，可将茄子切好后，放入清水中浸泡，待烹调前捞出，沥干水分，上锅蒸或油炒至软后，即可给宝宝食用。

保存 茄子冷藏容易变质，可去水后用纸包装，常温保存，一般3～4天内吃完。

西葫芦

西葫芦皮薄肉嫩，味鲜可口，既可素吃，也可与肉类搭配，内含丰富的糖类、蛋白质、维生素C、维生素A、维生素E及钾、镁等营养成分，有助于宝宝眼睛的发育。

利用 西葫芦质软，易咀嚼，烹调时，洗净，切成丁，与鸡蛋、肉类等搭配，清炒片刻，便可给宝宝食用。烹调时，可少许喷几滴醋，可避免维生素的流失。

保存 常温下，西葫芦易脱水，可将其用保鲜膜包裹密封，放入冰箱冷藏，一般可保存5～7天。

山药

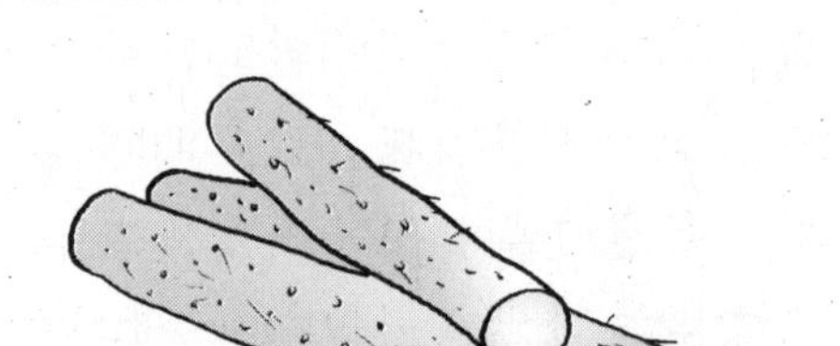

山药营养丰富，内含丰富的蛋白质、多种维生素、矿物质，其中内含的黏液蛋白可预防脂肪沉淀，保持血管的弹性。常吃可健脾益胃、去除寒热邪气、安神助眠，适合宝宝体质虚弱、经常生病时食用，具有很好的调补作用。

利用 山药皮不可食用，烹调前需将其去除。去皮时，最好戴上一次性手套，避免诱发皮肤过敏。烹调方法最好以炖、煮、蒸为佳，松软的山药较容易被宝

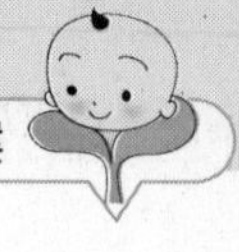

宝消化吸收。

保存 为方便制作断奶餐，可将山药去皮，洗净，切碎，装入保鲜盒中，密封后放入冰箱冷藏，用时，取适量与粥、汤同煮即可。

荔枝

荔枝果肉柔软多汁，含有丰富的蛋白质、多种维生素、脂肪、柠檬酸、果胶及铁、磷等营养素，具有健脑益智、开胃益脾的功效，但容易引起过敏、上火等症状，添加应以少量为宜。

利用 荔枝果肉不宜整个给宝宝，不易咀嚼，也易产生哽噎，可将其果肉取出，放入榨汁机中榨汁，兑适量温水给宝宝食用。

保存 荔枝不宜长久保存，买回后，可洗净，用保鲜膜包裹好，放入冰箱冷藏，最好3~5日内吃完。

干银鱼

干银鱼含有丰富的钙、碘、蛋白质、脂肪等营养素，但其中所含盐分较高，所以不能直接加入断奶餐中，可用水浸泡去盐分后捣碎，再与粥、糊等搭配食用。

利用 用水浸泡10分钟以后再用流水冲洗，可以去除大部分盐分，再将其捣碎，加入白粥中，调匀即可给宝宝食用。

保存 可将干银鱼装入瓶中，置于屋内通风处保存，室内越干燥，保存时间也越长，但如果发现有异味，就不要再食用了。

赤豆

赤豆属杂粮，其中含有丰富的蛋白质、糖类、膳食纤维、钙、铁、叶酸、烟酸、维生素B_1、维生素B_2等营养成分，具有生津止渴、润肠通便、补血养血、消胀利水的功效，适合作为宝宝食用的粗粮辅食。但胃肠功能较

弱的宝宝，应1岁后再食用。

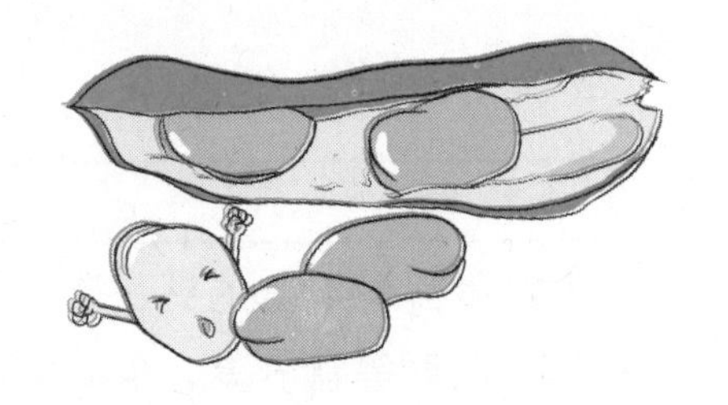

利用 赤豆皮较不容易消化，可在烹调前将赤豆泡发，去除赤豆皮，放入研磨器中磨碎，再与粥同煮，也可将赤豆与南瓜搭配，用豆浆机打磨成米糊给宝宝食用。

保存 赤豆较容易保存，可将其装入保鲜袋中密封好，置于室温下保存即可，但需注意防潮，避免生虫、变质。

西米

西米又叫西谷米，是印度尼西亚特产，多由木薯粉、麦淀粉、玉米粉加工而成，具有温中健脾、补肺化痰的功效，而且不易引起过敏，可制成西米露给宝宝食用。

利用 将西米洗净，放入锅中，中火熬煮至中间出现小白芯即成。为增添口味，还可与牛奶、水果搭配。

保存 未加工的西米需密封好，放置在室内阴凉通风处保存。吃不完的西米露可装入保鲜盒中，放入冰箱冷藏，食用时，可直接食用，也可加热食用。

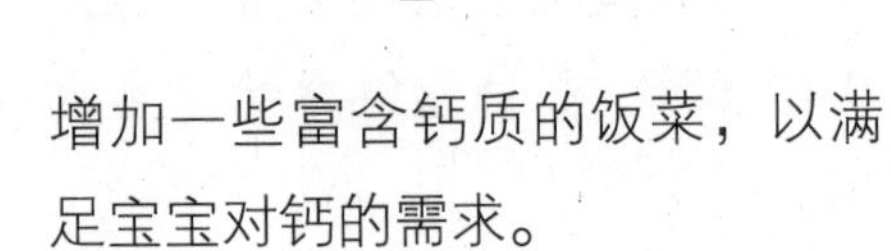

食谱推荐：10道宝宝补钙断奶餐

宝宝由于食用母乳或配方奶的量降低，对钙的摄入量就会降低，因此应从11个月起多给宝宝增加一些富含钙质的饭菜，以满足宝宝对钙的需求。

虾皮碎菜包

原料：虾皮6克，小白菜3棵，鸡蛋1个，面粉适量，发酵粉3克。

用法：虾皮用温水泡软，切碎，将鸡蛋洗净，磕入碗中，与虾皮一同搅拌调匀；小白菜洗净略焯一下，切碎，放入蛋液中混合调成馅料；将发酵粉与面粉混合，和成面团后，略醒10分钟，搓成条状，揪成一个个小面团，压平后将馅料包入其中，包成提褶小包子，上笼蒸熟即成。晾至手能抓住时，掰开让宝宝拿着食用。

营养功效：虾皮富含钙质，与蔬菜、鸡蛋包成包子，样子小巧，宝宝喜爱食用。

酸奶黄瓜沙拉

原料：熟蛋黄1个，黄瓜1根，番茄1个，酸奶2大匙，黑芝麻粉2勺。

用法：熟蛋黄切片；黄瓜洗净去皮，切丁，番茄洗净，去皮，切薄片；将上述食材混合，浇上酸奶，撒上黑芝麻粉拌匀即可。

营养功效：黑芝麻是高钙的食品，搭配酸奶可增加钙的吸收率，黄瓜与番茄富含维生素C，可平衡营养，满足宝宝每日需求。

小米山药粥

原料：山药100克，小米80克，白糖少许。

用法：将山药洗净，切成7毫米大小的小块，与小米同煮为粥，晾温后，加入少许糖调味即成。取小半碗，给宝宝喂下。

营养功效：山药中富含钙、铁、维生素等营养成分，搭配小米，可健脾益胃，补充钙质。

鱼肉松粥

原料：大米80克，菠菜1棵，鱼肉松少许。

用法：将大米淘洗干净，开水浸泡30分钟，连水放入锅内，旺火煮开，改微火熬至黏稠。将菠菜洗净，用开水烫一下，切成碎末，放入粥内，加入鱼肉松、精盐，调好口味，用微火熬几分钟即成。

营养功效：鱼肉松中富含蛋白质与钙，搭配菠菜做成粥，味道鲜美，可为宝宝补钙。

胡萝卜玉米渣粥

原料：玉米渣60克，胡萝卜1/2根。

用法：先将玉米渣煮烂，后将胡萝卜切碎放入，煮熟，晾温后，取半小碗即可给宝宝食用。

营养功效：胡萝卜内含胡萝卜素、钙、铁等营养素，搭配玉米渣可消食化滞、健脾止痢，给宝宝提供钙质。

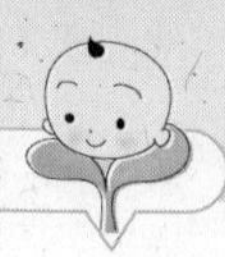

虾仁豆腐豌豆泥粥

原料：大米80克，熟虾仁2～3个，嫩豆腐100克，鲜豌豆、高汤、香油各少许。

用法：熟虾仁剁碎备用；嫩豆腐用清水清洗剁碎，鲜豌豆加水煮熟压成泥备用；将大米洗净，放入锅中，加适量清水熬煮成粥，加入熟虾仁、嫩豆腐丁、鲜豌豆泥及高汤放入锅内，小火烧开煮烂后，淋上1滴香油，加盐调味即成。取小半碗，晾温后，即可给宝宝喂下。

营养功效：虾仁、豆腐、豌豆中都富含钙质，搭配做成粥，可为宝宝补钙。

什锦面

原料：番茄1/2个，菠菜1棵，豆腐100克，高汤、细面条、葱末各少许。

用法：将番茄用开水烫一下，去皮，切成碎块；菠菜叶洗净，开水捞一下去草酸，再切碎；豆腐切碎；锅内放入少许油，用切碎的葱花呛锅，倒入高汤和水，烧沸，将番茄和菠菜叶倒入锅内，略煮片刻，再加入细面条，煮软即成。取适量晾温，用筷子给宝宝喂食。

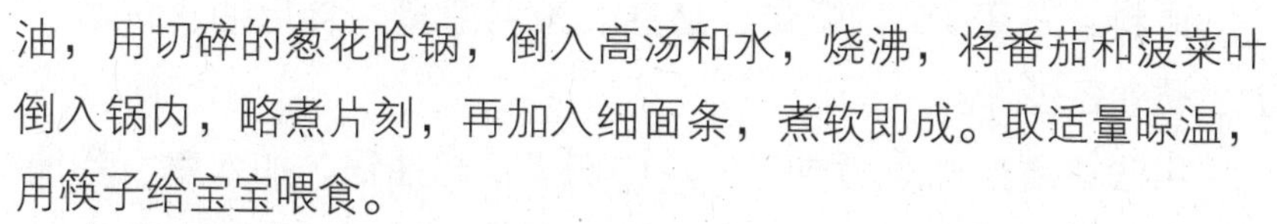

营养功效：豆腐中富含钙质，搭配番茄和菠菜，可平衡营养，在补钙的同时，还能增进食欲。

蛋花豆腐羹

原料：鸡蛋1个，嫩豆腐100克，骨汤150毫升。

用法：鸡蛋磕破，取出蛋黄，打散；豆腐切成7毫米大小的块；骨汤煮开，下入豆腐，小火煮沸，撒入蛋液，成花后便可关火。

营养功效：**鸡蛋、豆腐不仅含有丰富的钙，吃起来也又软又嫩，易被宝宝消化吸收。**

鸡茸豆腐

原料：鲜嫩豆腐1小块，鸡肉50克，鸡蛋1个，油菜丝、火腿丝各适量，淀粉、精盐、植物油各少许。

用法：先把鸡肉剁成泥，加上蛋清和少许淀粉一同搅拌成鸡茸；再把豆腐弄成泥，用开水烫一下；锅里放油后先放入豆腐泥炒好，再放入鸡茸，加上适量精盐翻炒几下，然后撒上细火腿丝和细油菜丝炒熟即成。

营养功效：**豆腐中富含优质植物蛋白、钙质，鸡肉中富含优质动物蛋白，搭配食用可为宝宝补充钙质，促进骨骼和牙齿生长。**

三鲜蛋羹

原料：鸡蛋1个，虾仁、蘑菇、葱各适量，食用油、料酒、盐、香油各少许。

用法：蘑菇洗净切成丁；虾仁切丁；起油锅，加入葱、蒜煸香，放入蘑菇丁与虾仁丁，加料酒、盐，炒熟。鸡蛋打入碗中，加少许食盐和清水调匀，放入锅中蒸热，将炒好的三丁倒入搅匀，再继续蒸5~8分钟即可。晾温后，取适量给宝宝食用。

营养功效：**鸡蛋中富含蛋白质、钙、铁，搭配蘑菇、虾仁更丰富了其中含钙量，更有助于宝宝补钙。**

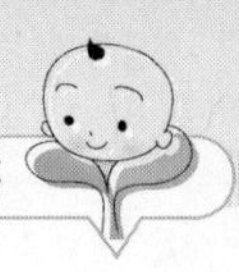

亲子方案——断奶后期和宝宝玩什么

到了11个月，宝宝的运动能力更强了，学会了走，而且表情也丰富了不少，不仅会摇头、再见、笑脸，还会表演、装怪样了。有些宝宝开始张口发声了，发出“mama”“baba”等音，虽然还不能与大人对话，但却能理解大人说的意思。此时的游戏除了要锻炼宝宝各项能力外，还要具有趣味性，这样可以转移宝宝的注意力，更容易让宝宝断奶。

寻找小猫头

游戏步骤

（1）预先准备一个约50×40×30厘米的纸箱，在箱子的四周贴上四幅图画：汽车、花朵、小孩儿、小猫头。

（2）将纸箱放在宝宝面前，让宝宝仔细观察一会儿，妈妈再领着宝宝认识上面的图案，告诉宝宝上面所贴的图画都是些什么，等宝宝熟悉后，便可以开始游戏了。

（3）妈妈放开手，让宝宝看着纸箱，然后问：“小猫头在哪里？”此时，宝宝会围着纸箱迈步，四周寻找，当找到时会用手指指。只要宝宝找到，妈妈就要给予表扬“真聪明”，以增强宝宝游戏的信心。

（4）通过几次变化玩耍，宝宝会记住图的顺序，知道汽车的旁边是花朵，花朵的旁边有小孩儿，小孩儿的旁边才是小猫头。这样会很容易找到妈妈所说的图案。

父母须知

这个游戏可以提高宝宝的认识能力，增强宝宝的记忆顺序的能力。玩耍时，注意宝宝的安全，由于宝宝刚学会走路不久，平衡能力较差，所以爸爸妈妈尽量在一旁看护，避免宝宝摔倒；当宝宝找不到时，妈妈要给予指引，避免宝宝因找不到而心情低落，失去玩耍的兴致。

翻山越岭找妈妈

游戏步骤

（1）准备几个结实的纸箱、枕头、裹好的被褥、浴巾等物品，将这些物品摆放在地板的各个地方，形成阻挡妈妈与宝宝之间的障碍物。

（2）游戏开始时，妈妈在一端大声呼喊宝宝的名字，示意让宝宝过来找妈妈，但不要有任何提示，让宝宝自己想办法越过障碍物来到妈妈身边。

（3）宝宝开始行动后，妈妈要仔细观察，并鼓励宝宝，对宝宝说："加油，宝宝最棒，一定能到妈妈身边。"只要宝宝越过一个障碍物，要表扬宝宝一次，增强宝宝的自信心。有时宝宝在爬上障碍物时，会感到害怕而停止动作，妈妈一定要给予宝宝笑容，鼓励宝宝勇敢，这样才能来到妈妈的怀抱。

父母须知

这个游戏可以通过爬障碍物增强宝宝的平衡能力，有助于培养宝宝勇敢的性格。值得注意的是，游戏要注意安全，若宝宝不慎摔倒，妈妈要给予鼓励，让宝宝学会坚强；若宝宝从障碍物上掉落或急哭了，妈妈要给予安慰和鼓励。

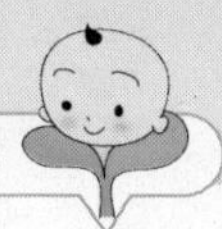

宝宝都知道

游戏步骤

（1）每天，当爸爸下班回家时，妈妈要故意大声说“爸爸回来了”，让宝宝主动转头朝门的方向看。

（2）爸爸要在洗手后把宝宝抱起，并跟宝宝玩耍一会儿后，爸爸要故意大声喊“妈妈”，让宝宝关注妈妈在做什么，并要求妈妈抱。

（3）妈妈抱着宝宝的时候，可以问宝宝“电视在哪里”，宝宝会将头转向电视方向，或用手指指，虽然宝宝并没有开口说话，但这对宝宝能形成跃跃欲试的感受并对宝宝尽快开口说话有好处。

父母须知

这个游戏能促进宝宝开口说话，由于此时宝宝已经认识很多东西了，所以爸爸妈妈可以经常让宝宝寻找各种东西，并教宝宝模仿发音。

葡萄干好难捏

游戏步骤

（1）预先准备一些干燥的葡萄干，让宝宝用小手捏放到碗里。

（2）开始时，宝宝可能很有兴趣，但捏着捏着会感到手酸，而且不好捏起，有时会捏起直接往嘴里放，父母一定要制止，并参与游戏，逗引宝宝继续把葡萄干放入碗中。当宝宝把所有葡萄干放入碗中后，妈妈要给予表扬，同时告诉宝宝，妈妈会用宝宝捡的葡萄干做成蛋糕，给宝宝吃，以示奖励。

父母须知

这个游戏可以训练宝宝的手眼协调能力，锻炼宝宝的小肌肉运动。游戏中，爸爸妈妈要注意看护，并给予及时帮助，切勿让宝宝将葡萄干放入口中，避免宝宝哽噎，或细菌侵入生病。

宝宝会分东西

游戏步骤

（1）事先准备一盘洗干净的水果，放在宝宝能拿到的桌上。

（2）妈妈叫宝宝来到身边，跟宝宝说："今天由宝宝来给我们分水果。先给爸爸一个，再给妈妈一个，再给宝宝一个。"如果宝宝不乐意把第一个水果给别人，妈妈可以把宝宝再次叫到身边，说："那咱们换一种分法，先给宝宝一个，再给爸爸一个，再给妈妈一个。"

（3）宝宝会点点头表示同意，然后在宝宝递水果的同时，妈妈可以念叨着："宝宝先拿一个，给爸爸递一个，给妈妈递一个。"让宝宝一一递到。

（4）当宝宝熟练后，妈妈可增加人数，让宝宝给爷爷、奶奶、客人、小伙伴递水果，久而久之让宝宝学会给他人递东西，养成与人分享的习惯。

父母须知

这个游戏可以练习给别人递东西，让宝宝学会与人分享，养成不自私、善于与人合作的习惯。由于宝宝年龄小，有时见到生人会不敢上前，妈妈也不要勉强，要鼓励宝宝，等宝宝渐渐适应了，情况就会好转。

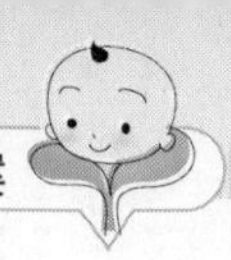

心得分享——看看过来人的锦囊妙计

断奶后期的宝宝，大多已经开始吃辅食了，所以给宝宝断奶应该是没问题的，但宝宝会有恋奶的情节，即便是吃不了几口，也会想着去找，这就让断奶产生了难度。此时断奶，最好多与宝宝沟通，让宝宝认识到自己该怎样做，当然妈妈也可与过来人多交流，想办法让宝宝淡忘吃奶的事。

和宝宝沟通熬过第一晚

过来人：颜颜（化名）妈妈

“我非常不赞同断奶时与宝宝分开，你想本来宝宝就不让吃奶了，再加上看不见妈妈，宝宝怎么能受得了，而且宝宝现在已经大些了，只要好好与宝宝沟通，告诉他‘宝宝长大了，不能总吃奶呀，要像爸爸妈妈一样多吃饭，这样才能长高’等之类的话，只要熬过第一晚上，断奶就成功了一半，白天再给宝宝加几样爱吃的饭菜，爸爸再帮帮忙，一定能给宝宝断奶的。”

其实，母子分离并不是断奶

的关键，随着宝宝月龄的增长，宝宝认知也一天天增强起来，而且习惯模仿大人。父母可以做榜样，让宝宝跟着学，并主动与宝宝沟通，让宝宝明白怎样做是对的。只要方法正确，断奶并不是难事。

透支体力，玩累就易入睡

过来人：艾米妈妈

“我们每天晚上都有固定的亲子游戏时间。断奶的时候，我们全家人一起努力，爸爸特地早回家，我做饭，他陪宝宝玩，吃完饭后，特地延长宝宝玩耍的时间，等到他玩累了，没哄多久就睡着了，自然就没想到吃奶的事情。没几天，很顺利地就把奶断掉了。”

游戏是转移宝宝注意力的最佳方法，只要合理运用，就能让宝宝轻松断奶。艾米妈妈这种透支体力的方法，值得妈妈们借鉴。要知道在宝宝很累时，只要不饿醒，是不会想起吃奶的。

妈妈穿厚点，掩盖奶香

过来人：亚楠妈妈

“我家宝宝1岁多才断奶的，刚开始很难断，因为是刚入秋，衣服穿得还比较薄，宝宝只要闻到奶味，就会想着吃奶，而且特别黏我。于是，我每次陪宝宝玩时，就套上厚一些的绒衣，这样可以掩藏点奶气味，刚断奶的前三个晚上，我没有陪宝宝睡，是他爸哄的，虽然刚开始有点哭闹，但他爸穿上我的衣服，轻轻地抚摸着宝宝的后背，宝宝也就慢慢睡着了。后来，我奶水少了，宝宝也就断了奶。”

奶味是最吸引宝宝吃奶的气味，所以当要给断奶时，可以穿厚一点，像亚楠妈妈一样，只要不让宝宝闻见，并用辅食、配方奶喂饱，常陪宝宝玩游戏，断奶还是比较顺利的。

第十一章

12个月，断奶后期养育方案

满周岁的宝宝，看上去俨然像个大孩子了，此时宝宝能自己行走，饮食生活方面已完全成为家庭中的一员。一般父母能吃的日常食物，宝宝也能吃了，而且思维能力开始逐渐活跃起来，喜欢听故事，还能从故事中明白一些道理。因此，给宝宝断奶可通过故事讲道理，宝宝自然会慢慢不再吃奶。

本月宝宝发育指标

本月宝宝的发育指标较上个月来看，身长增加了约1.1厘米；体重增长了约0.22千克；头围增长了约0.32厘米；胸围增长了约0.3厘米。

	男宝宝	女宝宝
身长	71.0～82.3厘米，平均约76.8厘米	69.8～80.6厘米，平均约75.6厘米
体重	7.9～12.1千克，平均约10.0千克	7.3～11.4千克，平均约9.3千克
头围	43.8～48.9厘米，平均约46.5厘米	42.8～47.9厘米，平均约45.3厘米
胸围	42.3～50.2厘米，平均约47.1厘米	41.5～49.3厘米，平均约45.6厘米

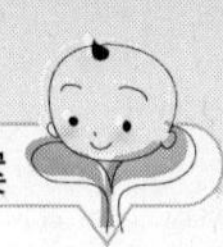

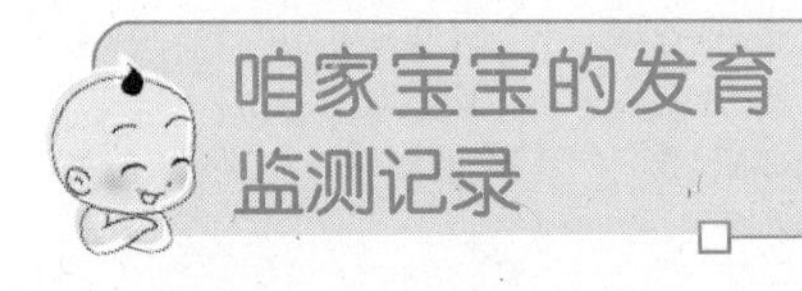

咱家宝宝的发育监测记录

12个月末宝宝个性化档案

体能与智能发育记录

姓名：____________

昵称：____________

民族：____________

体重：________ 千克

身长：________ 厘米

头围：________ 厘米

胸围：________ 厘米

前囟：________ ×________ 厘米

出牙：________ 颗

独自站立时间长且稳当：第______月第______天

可在纸上画出明显的笔道：第______月第______天

会盖上瓶盖：第______月第______天

穿衣穿鞋时懂得如何配合：第______月第______天

向宝宝要东西时知道给：第______月第______天

饮食方案——断奶后期给宝宝吃什么

满周岁了，宝宝开始和爸爸妈妈同桌吃饭了，但让宝宝吃与父母同样的菜，好像宝宝还是会产生不消化的症状，那就给宝宝准备一个快餐盒吧！饭菜还是要味淡一些，最好给宝宝加点助消化的食材，营养一定要注意均衡，这样宝宝才能长高哦！

均衡营养，断奶食的主导原则

12个月起，宝宝会出现一个身高与体重的猛增时段，加之消化系统的逐步完善。妈妈在食材搭配上，一定要注意合理搭配，主食、蔬菜、水果、肉类、鱼类等，一样也不可以少。制定的食谱最好在3~4天内，宝宝能利用断奶食充分吸收各种营养素，如蛋白质、脂肪、糖类、维生素C、维生素A、B族维生素、钙、铁、锌、磷、胡萝卜素、烟酸等。

饮食上的营养均衡，对宝宝是大有好处的。1岁的宝宝开始独自行走，如果食物中所含的钙比较充足，那么宝宝的下肢骨骼会变得健壮起来，慢慢学会跑、跳等动作，身体的协调性也会加强起来。从食物中摄入的蛋白质可以促进大脑的发育，有助于开发宝宝智力的潜能。而充足的脂

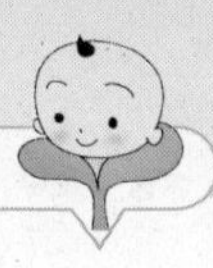

肪、糖类可为身体提供能量，使宝宝更加有活力；多种维生素和微量元素可促进食物的消化吸收，使身体各项系统能正常运转。

因此，在宝宝最后的断奶阶段，妈妈们一定要注重断奶食科学搭配，使宝宝能摄入充足的营养，供身体发育所用。

宝宝从学会行走起，骨骼生长会加快，此时妈妈不妨每晚在宝宝临睡前给一杯不加糖的牛奶，一般150~200毫升即可。有研究显示，人在睡眠期间，骨骼生长是比较快的，所以在临睡前给宝宝喝杯牛奶不但可以补钙，还有助于宝宝睡眠。

大块食物，宝宝吃起来更香

随着臼齿的萌出，如果宝宝能用前齿咬断食物，并逐渐将食物推到口腔后方，用臼齿磨碎食物，咀嚼功能越来越发达，说明宝宝已经可以吃大块食物了。大块的食物营养流失较少，宝宝在咀嚼时，可吸收更多的营养，这对宝宝身体发育也是有好处的。

此时，大多数宝宝已经开始与爸爸妈妈同桌吃饭，并且逐渐喜欢上自己用勺，时不时还会自己动手尝试，虽然会弄得一团糟，但似乎吃得很香。为了便于宝宝取食，妈妈可以将蔬菜的块切大一些，可切成1厘米左右的方块煮软，然后再用少许植物油烹调成菜，搭配水分较多的柔软米饭，装入宝宝的快餐盒中，洗净宝宝的小手，只要宝宝愿意，可以让他自己边用勺边用手配合吃下饭菜。这样不仅可以提高宝宝吃饭的兴趣，还锻炼了宝宝用勺的能力；但是，切忌一下子就让宝宝吃太硬的食物，须慢慢变换菜色。即使有些宝宝在此时已经断奶，也没有办法完全和大人一样吃相同的食物。因此，大人吃的米饭、蔬菜块，并不适合这个时期的宝宝。

宝宝学习吃饭是一个长期的过程，只要宝宝吃得香，妈妈不要太在意宝宝吃得满身满地都是饭粒。一般3岁以后，宝宝才能不将饭弄得到处都是了。

专家提示

如果宝宝出现不愿意咀嚼，或咀嚼不烂就往下吞、哽噎时，妈妈要调整块状食物的大小，可以再切小一点，避免咀嚼疲劳。

养成良好的饮食习惯

快满周岁的宝宝基本已经熟悉每日吃饭的时间，所以只要宝宝吃饭时间固定，就要养成好好吃饭的习惯。每日三餐最好按点吃饭，这样不会让宝宝饿得太久。

有些爸爸妈妈可能下班会比较晚，晚饭容易被推迟，这样会造出宝宝刚吃饱就要睡觉了，食物会堆积在胃里，不易消化。爸爸妈妈们应该尽量注意这一点，最好能让宝宝早点吃晚饭，最好在晚上8点前结束晚餐，这样有时间利用游戏促进宝宝胃肠蠕动，加快食物消化，避免产生积食症状，影响睡眠。

吃完饭后，要养成漱口的习惯。妈妈可以用冷开水或冷茶水给宝宝漱口，如果宝宝不会，妈妈可以示范给宝宝看，让宝宝跟着做，逐渐学会漱口。每餐后，都做几次，逐渐养成习惯。

漱口

宝宝三餐中间时段，要注意给宝宝一些小点心，这样可暂时补充能量，防止饥饿。吃完零食后，要及时漱口，多检查宝宝口中有无余留的食物残渣，避免产生龋齿。

养成了有规律的饮食习惯，宝宝吃饭会变得轻松起来，到了吃饭时间，宝宝会很积极地配合，这样也有助于宝宝对营养的吸收。

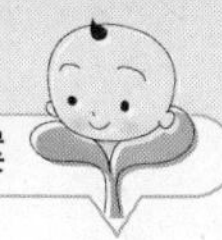

宝宝吃饭总是弄得一团糟怎么办

“最近宝宝好像变得想自己吃饭了，但是每次刚吃入口的东西很快又吐了出来。每次用餐，都搞得桌上、地板上、衣服上到处都是，弄得一团糟，吃顿饭就得换套衣服，真是很麻烦，这该怎么办？”

宝宝满周岁时，想自己吃饭这是好事，值得鼓励。虽然宝宝自己进食会弄得到处都是，妈妈们可能会感到很麻烦，宝宝吃完饭，还得收拾半天，但也不能剥夺宝宝想自己吃饭的意愿。如果强行压制宝宝的这种意愿，会使宝宝丧失学习独立吃饭的最好时机，也有可能会引起宝宝反感，造成厌食，这对宝宝生长发育都是非常不利的。

其实，妈妈最好能让宝宝自行发展，只要在用餐前先在桌上和地上铺张报纸或塑料布，给宝宝穿上防水的“反穿衣”，即使弄得满地满身也很好处理，而且如果宝宝真的能自己吃饭了，不是也可减轻喂饭的烦恼吗，何乐而不为呢？

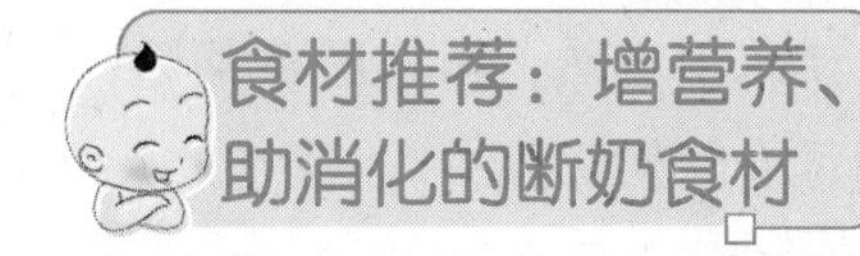

食材推荐：增营养、助消化的断奶食材

宝宝1岁以后，几乎日常所吃的蔬菜、水果、谷类、面食类、海鲜类等食物都可以成为断奶食材，但为了保障宝宝的营养均衡，还可给宝宝增添一些粗粮、乳制品，以及富含维生素的水果，这样不仅有助于食物的消化，而且还能平衡膳食中的营养。

荞麦

荞麦营养丰富，所含的磷可在人体内生成脑磷脂、卵磷脂，有助于宝宝大脑发育。荞麦质较粗，不易消化，可在宝宝1岁时添加，能起到平衡膳食的作用。

利用 可去超市购买成品荞麦面条，烹调时，将其切段，放入沸水中煮熟，再搭配蔬菜汤，即可给宝宝食用。

保存 制作剩下的荞麦面条，可分份装入保鲜袋中，密封好后，放入冰箱冷冻，用时直接下入沸水中熬煮即可。如果是荞麦挂面，置于室内阴凉处保存即可。

薏米

薏米的营养价值高，内含丰富的蛋白质、脂肪、糖类、B族维生素，以及人体必需氨基酸，具有健脾补肺、清热利湿的功效，常吃还可促进新陈代谢、排出体内垃圾、平衡膳食中的营养。但薏米不易消化，而且容易引起过敏，所以最好等宝宝1岁后再添加。

利用 用薏米制作断奶餐时，可预先用温水浸泡3～5小时，泡软后，放入研磨器中磨碎，再与大米同煮成粥即可。也可将大米与薏米放入豆浆机中，约20分钟即可做成好吃的米浆。

保存 将薏米装入保鲜袋中，密封，置于室内阴凉通风处即可。用时，可提前一晚泡好，早晨用豆浆机打磨做成米浆即可。

牛奶

牛奶营养丰富，每天400～500毫升就能满足宝宝生长发育所需的优质蛋白，促进新陈代谢，增强宝宝对病菌的抵抗能力，牛奶中的钙质可促进宝宝牙齿和骨骼的发育。

利用 初次喝牛奶的宝宝每日可添加100毫升，如一周后无异常反应可渐渐增加量。乳糖过敏

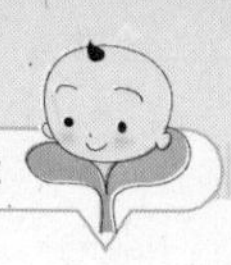

的宝宝最好先不要添加，最好等宝宝3岁后再添加。

保存 袋装牛奶可放入冰箱冷藏，用时直接加热就可以了。

鸡蛋

鸡蛋富含优质蛋白质、卵磷脂、DHA、维生素A、B族维生素、维生素E、维生素D等多种营养物质，能促进大脑发育，增强记忆力与智力，提高宝宝的抗病能力。宝宝1岁后便可吃鸡蛋了。

利用 鸡蛋烹调的方法有多种，但最适合宝宝吃的是煮鸡蛋；也可将鸡蛋裹在面食上，做成鸡蛋饼、鸡蛋面包，也适合宝宝食用。

保存 未吃完的鸡蛋不易保存，易残留细菌，影响宝宝的健康。带壳的鸡蛋，无论生熟都可直接放入冰箱冷藏，食用时，取出烹调即可。

猕猴桃

猕猴桃被称为“果中之王”，其所含蛋白水解酶能帮助消化吸收；所含膳食纤维和果酸，可促进肠道蠕动，帮助排便。常吃还可生津解热、调中下气、止渴利尿、滋补强身。但猕猴桃易引起过敏，1岁后再给宝宝添加。

利用 购买时，挑选熟透、甜味较浓的猕猴桃。制作时，去皮，切块，放入榨汁机中打碎成糊，稍加熬煮，再给宝宝喂下。

保存 可将成熟的猕猴桃用保鲜袋密封好，放入冰箱冷藏，可保存3～5天。

芒果

芒果果肉鲜嫩，具有生津止渴、益胃止呕等功效，内含丰富的维生素A、维生素C、胡萝卜素、膳食纤维等营养成分，常吃可保护视力，防治便秘，是宝宝喜爱的水果。但由于芒果属热带水果，为保证新鲜很可能含有防腐剂和农药，所以不宜在1岁前食用。

利用 食用时，洗净去皮，切下果肉，捣烂，兑入少许温开水稀释调匀，即可食用。

保存 挑选无黑斑、表面光滑的芒果，放在保鲜袋中密封，放入冰箱冷藏，可保存5～7天。

樱桃

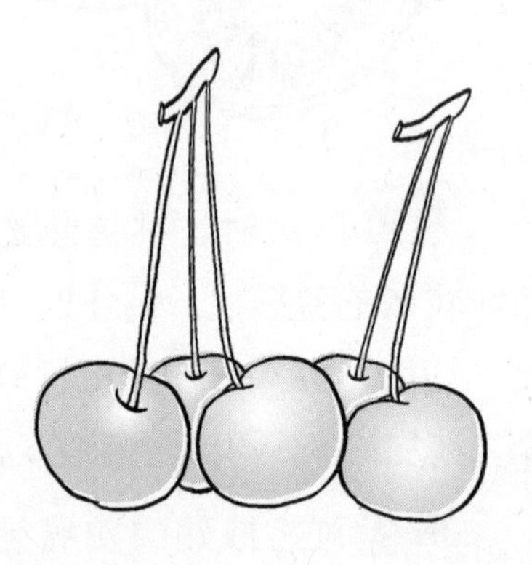

樱桃营养丰富，内含蛋白质、果糖、钙、铁、B族维生素等营养成分，其中以铁的含量最高，约是苹果的20倍，适合缺铁严重以及贫血的宝宝食用。樱桃还具有健脾和胃、调中益气的功效。由于樱桃含铁量高，也易导致铁过量，所以不建议经常食用，可在宝宝需要时食用一些即可。

利用 食用时，将樱桃洗净，去核，放入保鲜袋中，挤压揉搓，取出果肉食用。也可用水煎樱桃成汁后食用。樱桃不可整个给宝宝食用，避免宝宝误吞果核，造成哽噎。

保存 樱桃保鲜期较短，因此买来后，最好尽快吃完，吃不完的樱桃可装入保鲜袋中，密封后放入冰箱冷藏，最多保存2～3天。

菠萝

菠萝的营养成分较丰富，药用价值也较高。菠萝中含有维生素C、果糖、葡萄糖、氨基酸、有机酸、蛋白质、脂肪、膳食纤维、钙、磷、铁、胡萝卜素、多种维生素等营养物质，可促进食欲，有助于消化吸收营养。与肉类一起吃，能帮助消化。

利用 可选择熟透的菠萝，去除皮和中间较硬部分，切块，放入淡盐水中浸泡20分钟，捞出，放入榨汁机中打碎，即可给

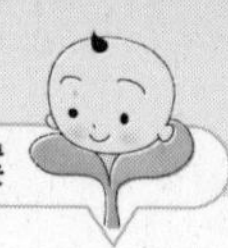

宝宝食用，也可切成薄片，与肉末同炒，搭配软饭食用。

保存 带叶才能长期保存。放置时叶子朝下，这样甜味会散发在全部果肉中，味道更加鲜美，可以冷藏4天左右。

蟹肉

蟹肉中富含人体必需氨基酸，几乎无脂肪，适合给宝宝添加，但蟹甲容易引起过敏，所以给宝宝用时，应从少量添加。

利用 蒸熟去壳捣碎后喂给宝宝，也可以放在粥、汤里，咸味较浓，应少量使用。

保存 为了方便做断奶餐，可将蟹肉取出，捣碎，装入保鲜盒中密封，再放入冰箱冷藏，可保存5～7天。

松子

松子属高热量食物，内含丰富的蛋白质、脂肪、卵磷脂、维生素E、钙、铁、磷、钾等营养物质，对宝宝的大脑发育有益，具有滋阴养液、补益气血、润燥滑肠之功效。松子较容易引起过敏，因此过敏性体质的宝宝应满1岁后再食用。

利用 烹调时，将松子仁洗净后，放入研磨器中捣碎，在粥、糊熟前加入调匀即可。

保存 为方便烹调，可一次多研磨一些松子仁，装入玻璃瓶中密封保存即可。

醋

醋是一种家用的调味品，多是由米、麦、高粱或酒糟等酿造而成，具有消食开胃、解毒散瘀、收敛止泻的功效。一般可在宝宝1岁时加入菜肴中食用。

利用 醋可在菜将熟时，少许喷一点，这样可保证菜中的营养物质流失，还可为菜肴提鲜。

保存 醋不可暴晒，所以最好放置在厨房阴凉通风处。

食谱推荐：8道营养均衡的软饭+菜

满周岁的宝宝，牙齿的咀嚼能力越来越强，可以和家人们一同上桌吃饭了，此时可以给宝宝准备一个适合的套餐盒，让宝宝逐渐习惯既吃饭又吃菜的饮食方式。

软饭+茄汁虾仁

原料：虾仁80克，鸡蛋1个，番茄酱、植物油各适量，水淀粉、盐、白糖各少许，软饭1小碗。

用法：虾仁洗净，切块；加鸡蛋清、盐、水淀粉均匀上浆；锅内倒植物油，烧至五六成热时，放入虾仁，滑散后捞出控油；原锅留余油，放番茄酱煸炒后，再将虾仁倒入锅中，加白糖、盐，再淋入水淀粉，翻炒几下即可。可搭配软饭，一同食用。

营养功效：虾仁中富含钙质，搭配软饭更加美味，有助于增强宝宝食欲。

软饭+猪肝圆白菜

原料：猪肝泥60克，豆腐100克，胡萝卜半根，圆白菜叶2片，肉汤适量，淀粉、盐各少许，软饭1小碗。

用法：豆腐洗净，切丁；胡萝卜洗净，剁碎；圆白菜叶洗净，放入开水中煮软，捞出晾凉；将猪肝泥与豆腐、胡萝卜碎混合调匀，加入少许盐调味，然后放入白菜叶中间作馅，再将圆白菜叶卷起，用淀粉封口后，放入肉汤中煮熟即可，适口后，戳开给宝宝喂食。或搭配软饭一同食用。

营养功效：猪肝具有明目的功效，经常给宝宝食用，有助于宝宝视力的发育，预防近视、弱视。

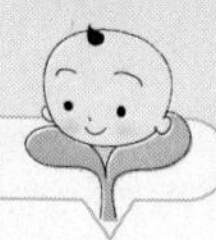

软饭+肉末烧茄子

原料：猪瘦肉50克，茄子1根，生抽、植物油各适量，盐、葱末、姜末各少许，软饭1小碗。

用法：猪瘦肉洗净，剁成碎末；茄子洗净，去除根蒂，切成1.5厘米大小的菱形块，淋少许生抽，上锅蒸熟；将植物油倒入锅内，烧至八成热，放入肉末煸炒变色，加入葱末、姜末煸炒入味，撒在蒸好的茄子上即成。搭配小碗软饭食用。

营养功效：蒸熟的茄子较细嫩，加入肉末，营养均衡，搭配软饭，味道更香。

软饭+洋葱虾仁炒蛋

原料：鸡蛋1个，洋葱1/4个，新鲜虾仁5块，橄榄油、番茄酱、原味沙拉各少许。

用法：将洋葱切成碎末，虾仁拍碎切细末。将鸡蛋打入碗中，加入洋葱末和虾仁末，打散。橄榄油置锅中烧热，倒入蛋液，炒散，加入番茄酱和沙拉，翻炒几下即可。

营养功效：此道菜中含有丰富的蛋白质、钙、铁和维生素C，可满足宝宝每日所需，有助于骨骼的成长。

软饭+上汤白菜

原料：白菜心500克，鸡汤700毫升，盐、胡椒粉各少许，软饭1小碗。

用法：白菜心抽去筋，洗净，切碎；将煲置于火上加入鸡汤，放入白菜心，煮沸后，转小火慢炖30分钟，使白菜中的营养成分充分溶于汤中，加入少许盐、胡椒粉调匀，继续煮10分钟即可，晾凉后，供宝宝食用。

营养功效：白菜吸收了鸡汤的营养，可健脾益胃、补充蛋白质、钙、铁等营养素，搭配软饭更美味。

软饭+鸡蛋黄花菜

原料：黄花菜（干品）10克，鸡蛋1个，葱末、盐、植物油各少许，软饭1小碗。

用法：黄花菜泡发，择洗干净；鸡蛋洗净，磕入碗中，打散，加少许盐调匀；将炒锅置于火上，倒入植物油，烧至七成热，放入葱末炒香，淋入蛋液炒散，再放入黄花菜炒熟，加少许盐调味即可。

营养功效：黄花菜内含蛋白质、多种维生素、胡萝卜素及钙、磷等营养物质，搭配鸡蛋有清利湿热、健脑安神的功效，是宝宝健脑的食物。

软饭+香菇鸡肉菜汤

原料：鸡脯肉150克，香菇3朵，白菜叶2片，胡萝卜1/2根，盐少许，软饭1小碗。

用法：胡萝卜洗净切成小块，白菜叶洗净撕碎；香菇泡发，去蒂，切成细条；鸡切块，洗净去除血水，放入沸水中焯透捞出，切丁。锅内放开水加入姜片和鸡块煮沸，加入胡萝卜、香菇，转小火炖煮40分钟左右，再放入白菜叶，熬煮熟后，加少许盐调味即成。搭配软饭食用。

营养功效：香菇可增强免疫力，搭配鸡肉、蔬菜，可使汤中营养丰富，宝宝吃时，可先吃菜和肉，最后再喝些汤。

软饭+白萝卜汤

原料：白萝卜1/2个，洋葱、植物油、盐各少许，软饭1小碗。

用法：将白萝卜洗净去皮，用擦菜板擦成细丝；洋葱洗净，切碎；将锅中倒入少许植物油，烧至七成热，放入洋葱煸炒至香，放入白萝卜丝，翻炒片刻，加适量清水，煮沸，转小火熬炖至萝卜熟软，加少许盐调味即可。取2～3汤匙，供宝宝食用。

营养功效：白萝卜可健脾开胃、生津止渴，制成清汤，容易被宝宝接受，而且有助于食物消化，增强宝宝食欲。

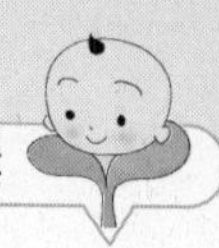

亲子方案——断奶后期和宝宝玩什么

大多数满周岁的宝宝会很乐意参加周围的社会活动，而且特别喜欢模仿大人的动作，而且对一些对比会产生一定兴趣。因此，游戏最好与周围的生活有关。比如，帮助玩具回家、给小树浇水等。这些可以培养宝宝的社会自理能力，让宝宝逐渐认识到自己长大了，该到断奶的时候了。

宝宝学对比

游戏步骤

（1）准备两个大小差异明显的苹果。

（2）妈妈可以把宝宝叫到身边，将大苹果和小苹果同时摆放在桌上，然后问宝宝："看一看，哪个苹果大，哪个苹果小？把大苹果拿来给妈妈。"观察宝宝的举动，看宝宝能不能分清大小，并按照妈妈的指令做。

（3）如果宝宝没有按指令做，妈妈要先教宝宝，然后改变指令，看宝宝是否理解了。

（4）当宝宝分清大小后，妈妈再让宝宝认识多和少、前和后、远和近等对比，丰富宝宝的知识。

父母须知

这个游戏让宝宝初步了解如何对比，开发宝宝的智力。玩这个游戏时，有时宝宝会出现不配合的状况，此时妈妈不要太着急，要有耐心，慢慢引导宝宝，认识学习是需要过程的，只有循序渐进，才会出成果。

小小建筑师

游戏步骤

（1）准备一些宝宝喜爱的积木、小树、草坪等玩具，和宝宝一起搭建。

（2）妈妈可以首先提议："咱们一起搭建未来的新家吧！"宝宝可能会点头示意，也可能不同意，妈妈可以和宝宝商量决定。

搭积木

（3）当商定好之后，妈妈和宝宝可以先搭建简单的房子、门洞、草地、小树……在妈妈的示范下，鼓励宝宝一同搭建，一边搭建一边与宝宝对话，或讲述未来小屋的故事，让整个搭建活动更有兴趣，激发宝宝的想象力。

（4）等全部搭建好后，妈妈要给予评价，如"这房子真漂亮，宝宝真棒"，然后给宝宝一块水果吃，以示奖励。

父母须知

这个游戏可以锻炼宝宝的动手能力，启发宝宝的思维，对宝宝想象力的发展有好处。为了能更好地发展宝宝的思维能力，妈妈可以给宝宝准备一些漂亮的挂图，这个挂图可以手画，也可购买，丰富宝宝心中的建筑设想。

小动物们这样叫

游戏步骤

（1）准备一盘带有动物叫的VCD光碟，准备一些动物的玩具。

（2）播放光碟，妈妈和宝宝一起观看，看的同时妈妈可以跟着光碟一起念"小花猫，喵喵叫；小花狗，汪汪叫；小鸭子，嘎嘎叫"等，让宝宝模仿妈妈的口形，学习发声。

（3）等宝宝学得稍有成效时，妈妈可关闭光碟，然后给宝宝一些动物的玩具，并拿着一个动物玩具问：“小花狗怎么叫？”宝宝会拿着小狗玩具说“汪——汪”，只要宝宝开始说话了，妈妈就要给予表扬：“宝宝真棒。”

父母须知

这个游戏可以让宝宝学会用语言指认事物，练习发音。需要提醒的是，发音对每个宝宝的情况都会有所不同，有些宝宝可能学得很快，有的却学得慢，发音比较晚，父母切不可急于求成，要有耐心，多鼓励，多指导。

帮助玩具回家

游戏步骤

（1）当妈妈发现宝宝将玩具散落得到处都是时，妈妈可以把宝宝叫到跟前来，说：“宝宝，你看玩具都散落在地下，回不了家了，咱们给玩具归归类，帮它们找到家吧！”

（2）然后妈妈拿出几个平时装玩具的箱子，与宝宝一同收拾。

（3）当发现宝宝乱分类时，妈妈可以假装叹气，说：“唉，玩具怎么迷路了，找不到家了，宝宝帮帮它，好吗？要不玩具找不到家就见不到妈妈了，多可怜！”提醒宝宝要把玩具归对类。

（4）当宝宝完成后，妈妈要给予鼓励，并表扬：“宝宝真棒，所有玩具都找到家了，它们见到妈妈可高兴了，来，亲一个!”

父母须知

这个游戏可以训练宝宝玩具归类的能力，同时发挥宝宝全身运动的能力。收拾玩具时，妈妈要表现得有兴致，不要让宝宝感到妈妈的负面情绪，这样才能更好地激发宝宝玩的乐趣。

心得分享——看看过来人的锦囊妙计

宝宝快满1周岁了，断奶的进程也逐渐步入尾声，妈妈们可以随时做好给宝宝断奶的准备。其实，只要宝宝能适应不吃奶的饮食方式，妈妈会很容易断了宝宝吃奶的念头。下面就介绍几位过来人的锦囊妙计吧！

给宝宝买个可爱的卡通水杯

过来人：罗迪（化名）妈妈

“我家宝宝刚断的奶，因为宝宝不喜欢奶瓶，所以每次都用小勺给宝宝喂配方奶，渐渐地，宝宝小手的抓握和控制能力变强了，我就给宝宝买了卡通水杯，外形有点像小动物，上面有个吸管，只要宝宝轻轻吸，就能喝到。带着一种试探，让宝宝玩耍起杯子，结果宝宝一看到就喜欢得不行，不管喝奶还是喝水都要用它，有时喝完了奶，还把杯子当成玩具玩，就这样宝宝逐渐淡忘了吃奶，很自然地在上个月断奶了。”

大多数妈妈都有感触，吃母乳的宝宝不爱用奶瓶喝奶，这时只要宝宝自己会抓握，不妨给宝宝买个卡通水杯试试，只要能给

宝宝顺利添加配方奶，就可适时给宝宝断奶了。罗迪妈妈的方法值得妈妈们借鉴。

妇唱夫随，帮宝宝断奶

过来人：点点（化名）妈妈

“点点1周岁了，一直想给他断奶，但宝宝总是要，所以一直没断，这周我感冒了，医生说必须输液，但输液后就不可以喂奶了，于是我想不如趁这个机会给宝宝断奶吧。

晚上回家，我手上贴着创可贴，并告诉宝宝说：‘妈妈病了，这里痛痛。’边说边做出一副很疼的样子。晚饭时，宝宝依旧掀起衣服要吃奶，结果看见我贴着创可贴，准备要抓掉，于是我指着手上的创可贴，对宝宝说：‘忘了吗？妈妈生病了，这里也不能吃了，很疼的。’宝宝听后皱着眉头，还是想抓掉，刚用小手抓，我就龇牙咧嘴地喊疼，宝宝见了回头去看老公，老公抱起宝宝，对宝宝说：‘妈妈生病了，宝宝不能吃奶了。爸爸给你牛奶喝吧。’宝宝点点头，伸手要。就这样我输液输了一星期，宝宝也就忘记了吃奶，等我病好了，宝宝也断了奶。”

宝宝1岁时就可以听懂妈妈的话了，有一定的记忆能力，懂得什么事是允许的，什么事是不能做的，而且对妈妈一些反应比较强烈。点点妈妈就是运用这一点，首先让宝宝认识贴着创可贴的部位是很疼的，不能揭下，然后在乳房上也贴上，让宝宝逐渐断了吃奶的念头，给宝宝断奶。

装着喊疼，宝宝也会疼妈妈

过来人：龙龙（化名）妈妈

“我家宝宝2岁后才断奶的，之前一直想让宝宝自然断奶，所以并没有强求什么，只要宝宝吃就给，可宝宝渐渐大了，我的奶水也逐渐少了，可宝宝还是要吃，这让我感觉宝宝很依赖那种吃奶的感觉，于是我开始想办法给宝宝断奶。我感觉龙龙是个孝顺的宝宝，如果能让他心疼自己，那宝宝肯定能断奶。

晚上，龙龙要吃奶，我向往常一样，解开衣服，让他吃，等

他刚吸上，我就喊：‘哎哟，好疼，疼。’龙龙听了，看着我，我假装说：‘没事，儿子，吃吧，妈妈忍着。’龙龙又开始吸，还没等宝宝使劲，我又喊：‘哎哟，疼啊，疼。’这回儿子大哭了起来，说：‘不吃，妈妈疼。’我赶紧抱着宝宝说：‘吃吧，吃吧，妈妈忍着。’龙龙还是摇头，边摇边说：‘妈妈疼，宝宝不吃，不吃。’后来的几天，宝宝一见我就说：‘妈妈疼，宝宝不吃。’就这样宝宝断奶了。”

俗话说“母子连心”，最了解宝宝的人是妈妈，而最心疼妈妈的人是宝宝。每当妈妈身体不适、心情不好时，宝宝心理的波动是最大的，所以如果妈妈们能掌握这个技巧，相信给宝宝断奶并不是难事。

第十二章

13～18个月，断奶完结期养育方案

经过1年紧锣密鼓的准备，宝宝断奶的时刻终于到了。此时宝宝变得越来越可爱，每天吃饭时都特别兴奋，尤其是给他爱吃的零食时，更是兴奋不已。断奶的那几天，妈妈要注意保证宝宝的营养，饮食尽量清淡，要注意多陪伴宝宝，可以多用游戏转移宝宝的注意力，顺利度过那几天。

13～18个月宝宝发育指标

1岁以后的宝宝发育速度较以前要缓慢得多，此时身高在继续增长，而体重增长会出现持续控制状态；头围也趋于稳定状态，增长比较缓慢；胸围增长速度也会减慢，此时胸围已比头围大了。

13～15个月		
	男宝宝	女宝宝
身高	73.4～84.8厘米，平均约79.3厘米	71.6～83.8厘米，平均约77.5厘米
体重	8.2～12.5千克，平均约10.5千克	7.9～11.6千克，平均约9.7千克
头围	44.3～49.5厘米，平均约46.5厘米	43.1～48.3厘米，平均约45.9厘米
胸围	43.2～49.6厘米，平均约47.2厘米	42.3～49.1厘米，平均约46.1厘米
15～18个月		
身高	75.3～87.8厘米，平均约81.8厘米	74.4～86.8厘米，平均约80.2厘米
体重	8.7～13.5千克，平均约11.0千克	8.1～12.8千克，平均约10.5千克
头围	44.8～49.7厘米，平均约47.3厘米	43.9～48.8厘米，平均约46.3厘米
胸围	43.8～50.9厘米，平均约48.1厘米	42.3～49.7厘米，平均约46.9厘米

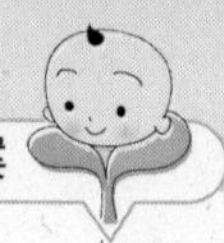

咱家宝宝的发育监测记录

13~18个月末宝宝个性化档案

体能与智能发育记录

姓名：________________

昵称：________________

民族：________________

体重：___________ 千克

身高：___________ 厘米

头围：___________ 厘米

胸围：___________ 厘米

前囟：___________ ×___________ 厘米

出牙：___________ 颗

独立行走自如：第_______月第_______天

连续翻书2次：第_______月第_______天

会自己脱下袜子、鞋：第_______月第_______天

会准确指出五官：第_______月第_______天

可从瓶中拿出小球：第_______月第_______天

无方向地抛球：第_______月第_______天

清楚说出10个字音：第_______月第_______天

白天能控制大小便：第_______月第_______天

积木可搭高至五块：第_______月第_______天

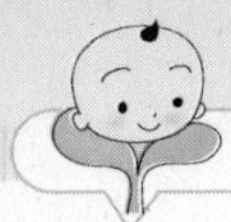

饮食方案——断奶完结期给宝宝吃什么

断奶的最后时刻终于到来了，很多宝宝在此阶段都会逐步断奶。断奶的那几天，宝宝的饮食会出现反复，有些宝宝会变得脾胃虚弱，容易生病，或者特别依恋妈妈。此时，妈妈除了要给予宝宝更多的爱护外，还要注意用饮食调养，使宝宝身体逐渐强壮起来。

质软易消化，营养饭菜好吸收

宝宝断奶后，有时会出现饭量下降，不爱咀嚼，喜欢吃带汤水的饭菜，这些都说明断奶对宝宝的饮食产生了影响。不过只要不严重，妈妈都不必过于担心。妈妈可以将蔬菜切成7毫米大小的块状，放入肉汤中煮软，先让宝宝喝一些汤，尝尝味，再搭配软饭，吃菜。这样即使宝宝吃的饭比较少，但汤中所含的营养素也会被宝宝身体吸收，逐渐增强宝宝的体质，预防营养不良。

当然，妈妈也可烹调一些促进消化的食物，如番茄蛋汤、苹果沙拉等，这些食物富含维生素和微量元素，可以促进胃肠蠕动，提高宝宝食欲，而且也容易被吸收。

相信妈妈多想办法，宝宝饿了，就会好好吃饭。平时，也可给宝宝制作一些好吃的小食品，如胡萝卜球、赤豆包、水果煎饼等，只要能让宝宝顺利度过这段

时间，宝宝逐渐适应了，也就会好起来了。

培养食趣，帮妈妈做事缓解断乳不适

这个阶段的宝宝好奇心非常强，对妈妈拿回来的东西总会想着去翻翻、看看、摸摸，而且喜欢模仿大人做事。例如，你擦桌子，他会拿起一块布也在桌子上蹭，虽然擦不干净，但至少说明宝宝喜欢做，对模仿非常感兴趣。

妈妈不妨在宝宝断奶的那几天里，挑选几样宝宝最喜欢吃的蔬菜、水果，让宝宝摸一摸、看一看，并用洗菜盆盛满水放入蔬菜或水果，让宝宝帮助妈妈捡菜、洗水果。宝宝在捡菜的过程中，可以认识更多的食物，转移宝宝断奶的不适感，而且当宝宝闻到食物的香味后，自然会胃口大开，乖乖地去吃饭。

添加乳制品，想喝什么尽量满足

乳制品是以奶为主要原料制成的产品，其中营养比较丰富，蛋白质含量为3.5%~4%，脂肪含量为3%~4%，糖类含量为4%~6%，还含钙、磷、钾等微量元素。虽然在宝宝1岁前不建议添加，但宝宝此时已断奶，而且消化系统也较完善，所以可在断奶后给宝宝适量加一些乳制品，如纯牛奶、酸奶、优酸乳、果味牛奶等。

乳制品每天可以补充2次，每次200毫升。一般每天摄入400~500毫升的牛奶就可以满足宝宝对钙的需求量，促进骨骼与牙齿的成长，也可缓解宝宝对奶的依恋。

添加时，妈妈可以顺着宝宝，让宝宝自己挑选自己爱喝的。只要宝宝爱喝奶，可以在饭后给宝宝喝一些，但注意不要一次喝太多，一般1瓶优酸乳可分2~3次喝完。当然，妈妈也可给宝宝自制一些果味的乳制品，例如：

红枣奶

原料：大枣3枚，配方奶粉1～2匙。

用法：红枣洗净，去核，切碎，放入奶锅中，加适量清水，熬煮15分钟，捣烂，滤出汤汁，加入奶粉调匀，晾至温热，给宝宝喂之。

草莓奶

原料：新鲜草莓2个，牛奶250毫升，草莓酱1茶匙。

用法：将草莓去蒂洗净，切成两半，与牛奶一同倒入榨汁机中，打碎后，倒入杯中，加入草莓酱调匀，即可给宝宝饮用。酸甜果味的奶汁，宝宝会非常喜欢喝。

总之，断奶的这几天，妈妈可以顺着宝宝些，避免宝宝哭闹，影响情绪。宝宝在愉快中度过断奶，可以减少以后不愉快的记忆，这对宝宝成长也很重要。

宝宝吃多少无法判断怎么办

“我家宝宝1岁3个月了，上个月刚给宝宝断了奶，虽然宝宝吃饭吃得挺好，但总是不定量，正常的分量有时似乎无法满足宝宝的食欲，有时宝宝吃不饱，还会吵吵着要吃，只好再给他喂一碗，可喂完宝宝又出现腹胀现象，我该怎么办？我要如何判断宝宝吃多少？”

一般而言，辅食的分量应以宝宝的食量而定。宝宝吃饭时多时少，可能跟饭菜口味有关系，宝宝爱吃的大概愿意多吃一些，不爱吃的当然会少吃一些。

其实，妈妈不用太过于担忧，可以调整一下膳食搭配，将宝宝不爱吃的菜与爱吃的菜均衡搭配，或者将爱吃的食材体积切大一些，或者增加软饭的硬度，让宝宝花费力气咀嚼，宝宝自己不会吃的太多了，逐渐就可知道宝宝能吃多少了。

此外，妈妈也可每天给宝宝做一个饮食小记录，将用的食材的量与宝宝吃下去的量做一个对比，很

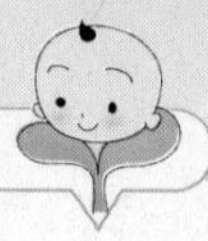

容易估算出宝宝能吃多少。

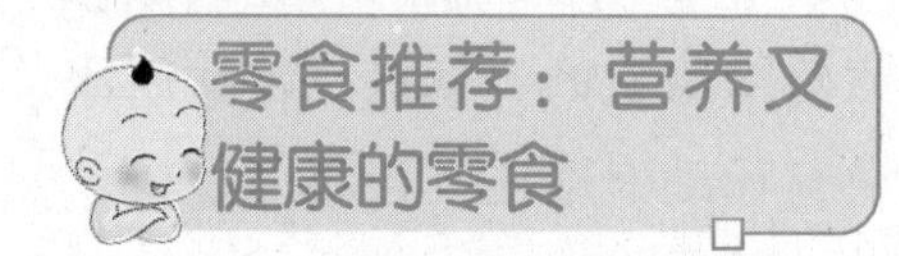

零食推荐：营养又健康的零食

13～18个月是宝宝断奶的完结期，此阶段很多宝宝已经断奶，此时宝宝开始吃零食了，一天至少有两次吃零食点心的时间。许多妈妈对此很犯难，宝宝吃零食就不爱吃饭了，怎么办？其实最好的办法就是用健康营养的零食取代不健康的零食，这样宝宝就不会因为吃零食而影响身体健康了。下面就介绍几款营养健康的零食。

全麦巧克力棒

巧克力是宝宝爱吃的零食之一，但其热量大，糖类高，宝宝会在不知不觉中吃成小胖墩，因此不建议给宝宝食用。但如果将巧克力涂在全麦食品上，制成好吃的全麦巧克力棒，那就比较健康了，这样既有巧克力的味道，而且热量较低，外形诱人，适合宝宝食用。

【制作】妈妈买回的巧克力捣成泥糊状，涂在全麦面包片上，放入微波炉中烤制10分钟，取出晾凉，切成宝宝手指长的棒，即可供宝宝取食。

豆腐布丁

果冻布丁是很多宝宝都爱吃的零食，但果冻中含有较多添加剂，而不易被肠胃消化，宝宝多吃不仅无任何营养价值，还会产生一定毒副作用，而且果冻还易产生哽噎，导致宝宝窒息，所以最好不要给宝宝吃。妈妈可将盒装豆腐搭配新鲜水果制成豆腐布丁，这样不仅能让宝宝吃到像果冻一样软滑的食物，而且还能补充优质蛋白和维生素，对宝宝健康十分有利。

【制作】将买回的盒装豆腐打开，切成小块，上锅蒸约15分钟；将新鲜水果洗净，切块，放入榨汁机中做成稀糊状的果泥，浇在豆腐块上，搁置10分钟，入味后，便可给宝宝食用。

全麦果粒蛋糕

奶油蛋糕是每个宝宝都爱吃的食物，不仅外观好看，而且甜味诱人，但奶油属高热量食物，彩色的奶油中含有色素和一些添加剂，对宝宝的健康十分不利，长期食用可导致脂肪堆积、食欲不振，影响宝宝的成长发育。但

如果将奶油蛋糕换成好吃又助消化的全麦果粒蛋糕，相信每个宝宝都会喜欢。全麦食品中富含膳食纤维，可促进食物的消化，而且热量低，水果中的维生素还可增强宝宝的食欲，因此，即便宝宝吃了零食，到吃饭时间，依旧会好好吃饭。

【制作】从超市里购买整块的全麦蛋糕，像分层蛋糕似的分成2~3层；选择宝宝喜欢的几种水果，分别洗净，切块，将部分水果放入榨汁机中，做成果泥（可以稀一点），涂抹在蛋糕中间层与表面，放入微波炉中，烘烤3~5分钟，取出，晾凉，再在表面摆放一些新鲜水果粒即成。

酸奶碎冰

冰激凌口味丰富，冰爽适口，很多周岁后的宝宝都爱吃，但宝宝消化功能发育还不完善，承受寒冷的能力差，贪食冰激凌易损伤脾胃，引起腹痛、食欲不振、不思饭食。所以，为了宝宝的健康，妈妈可将冰激凌换成酸奶碎冰，每日一杯（约150毫升），不仅可补充蛋白质和钙，而且有助于宝宝肠胃蠕动，防止便秘，何乐而不为。

【制作】预先将盒装酸奶放入冰箱冷冻，要吃前1小时转放入冰箱冷藏室内，解冻，待酸奶冰块有松动时取出，用小勺捣碎，即可给宝宝喂食。

海鲜三明治

夹心饼干也是宝宝常吃的零食之一，其味甜腻，热量较高，而且含有不同程度的防腐剂，常吃不仅会引起脂肪堆积，还易损伤脾胃，养成宝宝偏食、挑食的不良习惯。如果妈妈们将其换成好吃又营养的海鲜三明治，搭配牛奶，宝宝一定爱吃。

【制作】将虾皮洗净，用研磨器研碎，加入芝麻酱、花生酱调匀；取一片全麦面包，涂抹上调好的海鲜酱，再将面包对折即成。

其实，生活中还有很多食物可以制作成宝宝爱吃的零食，如鲜榨果汁、坚果、蔬果沙拉、自制烤土豆片等，这些食物不但营养健康而且口味与现成的市售零食相似，妈妈们都可花些时间为宝宝制作。制作方法并不难，只要妈妈将现成的食品稍作加工，即可变成好吃的零食。

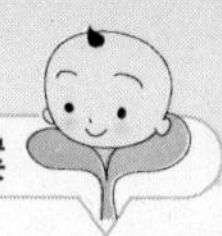

食谱推荐：7道增强免疫力的断奶餐

很多宝宝在此阶段会陆续断奶，一些宝宝会出现脾胃虚弱、食欲不振、免疫力低下等症状，这让妈妈们很担心。所以可以给宝宝烹制些增强免疫力的断奶食，不仅可保证宝宝摄取足够的营养，还可增强免疫力，提高宝宝的抗病能力。

什锦水果羹

原料：香蕉120克、苹果150克、菠萝蜜、橘子、莲子各50克、桃100克、白砂糖100克、糖桂花、淀粉各25克。

用法：将各种水果切成小片；锅内放入适量水，烧沸后加入白糖及水果片；再次烧沸后用水淀粉勾成薄芡，再撒入糖桂花即可。

营养功效：此羹营养丰富，能预防宝宝呼吸道感染，增强身体的抗病能力。

猪血菠菜汤

原料：猪血40克，菠菜2棵，姜末、盐、香油各少许。

用法：猪血洗净，切成小块，用热水焯煮片刻，除去浮沫；菠菜洗净，用热水焯一下，捞出晾至温热后，切碎；锅中加适量清水，煮沸后，下入猪血、菠菜和姜末，再次煮沸后，加入少许盐调味，转小火焖煮片刻，关火后滴入1滴香油调匀即可，晾至温热后，给宝宝食用。

营养功效：此羹中富含维生素C，能预防宝宝呼吸道感染，增强身体的抗病能力。

虾仁土豆

原料：土豆50克，蛋黄1个，熟虾仁碎、熟青豆仁各20克，沙拉酱少许，软饭1小碗。

用法：土豆去皮洗净，蒸熟，压成泥状，土豆泥与蛋黄泥混合，分成多份，用保鲜膜捏成圆球状，中间压凹洞，放入虾仁末，挤入沙拉酱，放入青豆仁即可。

营养功效：虾仁富含钙、铁、磷等营养素，土豆富含维生素，两者搭配食用，可平衡膳食营养，增强机体免疫力。此道菜样子小巧可爱，可作为宝宝点心食用。

雪梨糯米粥

原料：糯米60克，雪梨1个，冰糖少许。

用法：糯米淘洗干净，用水浸泡20分钟；雪梨洗净，去除核和皮，切成小片；将糯米和雪梨一同放入电饭锅中，加适量水，熬煮成稀粥时，加入冰糖，继续熬煮至烂熟，搅拌调匀即成，晾至适口后，给宝宝喂食。

营养功效：雪梨搭配糯米可清热解毒、消食和胃，做成粥易消化吸收，可增强免疫力。

玉米浓汤

原料：玉米粒80克，浓稠鸡汤100毫升，水淀粉适量。

用法：将玉米粒洗净，放入沙锅中，加适量清水煮沸，加入鸡汤，转小火慢炖30分钟，成浓汤后，加入水淀粉勾芡即成。取2~3汤匙，盛入小碗中，晾温给宝宝食用。搭配软饭味道更好。

营养功效：玉米中含有膳食纤维，可帮助消化、增强食欲，搭配鸡汤，可丰富汤汁营养，具有开胃、健脾、强身的功效。

燕麦核桃豆浆

原料：燕麦70克，干黄豆50克，核桃仁10克。

用法：将黄豆用水浸泡6～8小时，捞出洗净，核桃仁洗净；与燕麦一同放入全自动家用豆浆机中，加水至上下水位线之间，接通电源，按下指示键，待自动煮好后即成。取150～200毫升供宝宝饮用。

营养功效：豆浆易被宝宝消化吸收，搭配燕麦、核桃一同制作，可健脑益智，帮助消化，增强免疫力。

白菜肉末挂面汤

原料：鸡蛋挂面10根，猪瘦肉50克，鸡蛋1个，白菜叶2片，香油、生抽各1滴，盐少许。

用法：猪瘦肉洗净，剁成肉末；白菜叶洗净，切碎；鸡蛋洗净，磕入碗中，打散；锅中加适量水，煮沸，鸡蛋挂面掰成两半下入锅中，煮软后，加入肉末、白菜稍煮，再次开时，淋入蛋液，起花后加少许盐，滴入生抽、香油调匀即可。晾至适口后，给宝宝喂食。

营养功效：挂面易消化，适宜宝宝感冒后厌食时食用，可促进食欲，补充营养，提高宝宝免疫力。

亲子方案——断奶完结期和宝宝玩什么

宝宝在这个月龄的时候，身体越来越灵活，走路更加平稳，控制协调能力更强，认知、理解能力也逐渐增强，能够理解父母更多语言，但语言能力还不完善，只会简单的几个词汇。此时，游戏可以丰富一些，通过游戏让宝宝对周围的事物更加感兴趣，并且培养宝宝良好品格，这样对宝宝的未来都是有好处的。

沙子真好玩

游戏步骤

（1）准备小铲子、小桶、小瓢等玩具，带领宝宝到户外沙滩上。

（2）妈妈可以先将沙土上洒一些水，然后让宝宝用瓢、小桶、小铲在沙中玩耍，接着启发宝宝挖坑、淘洞、堆山包，建造一所地下沙城，用沙子摆出各种各样的造型。

父母须知

这个游戏可以启发宝宝的想象力，锻炼宝宝的动手能力，感知不同物体的刺激。需要注意的是，尽量选择污染较少的沙滩，玩耍后一定要洗澡，换下身上的衣物，避免宝宝受细菌侵害。

医生打针，我不怕

游戏步骤

（1）准备玩具针筒和针，挑选宝宝喜欢的毛绒玩具熊，和一

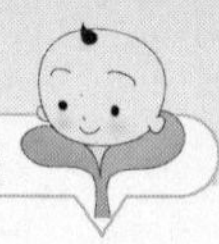

件合身的医生制服和口罩。

（2）妈妈先穿上医生制服，戴上口罩，扮演“医生”，告诉宝宝：“宝宝的小熊生病了，只有打针才能治好它的病，妈妈现在要给小熊打针。”

（3）妈妈拿起针筒和针，配好药，让宝宝把小熊放在椅子上，然后妈妈照着医生打针的样，给小熊打了针，过一会儿说：“快看，小熊在打针的时候多勇敢，虽然有点疼，但一点也没像宝宝那样哇哇大哭，宝宝要向小熊学习。”

父母须知

这个游戏可以让宝宝认识打针的全过程，同时培养宝宝勇敢、不逃避的性格，对宝宝未来的克服困难很有帮助。也许在做游戏的时候，宝宝看见针筒会想起自己打针，有时会害怕，或被吓哭，妈妈要给予鼓励和安慰，让宝宝学会勇敢面对。

动物们都吃什么

游戏步骤

（1）预先准备几张小动物和食物的卡片，如小狗、骨头、小白兔、胡萝卜、小猫、鱼、小鸡、小虫等。

（2）然后自编一首儿歌让宝宝学习，可以根据有关的儿童歌谣编。如：“一只哈巴狗，蹲在大门口，两眼泪汪汪，想吃肉骨头。小白兔白又白，两只耳朵竖起来，爱吃萝卜和青菜，蹦蹦跳跳真可爱。小鸡小鸡，唧唧叫，捉到小虫真高兴。小花猫喵喵喵，看见小鱼笑嘻嘻。”

（3）等宝宝学会后，妈妈拿出动物卡片，让宝宝分辨，等宝宝认清后，再拿出食物的卡片，要求宝宝联系儿歌，将它们一一对应，让小动物们找到自己的食物。

父母须知

这个游戏可以让宝宝对动物有了更深的了解，同时增加了宝宝的词汇量，为以后说简单的句子打基础。值得提醒的是，游戏时，并不是每个宝宝都能很快接受掌握，因此父母一定要根据宝宝的具体情况循序渐进地学习。

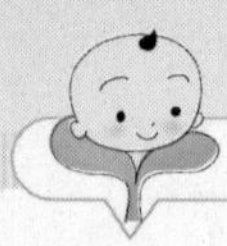

蝴蝶飞飞飞

游戏步骤

（1）准备两张较大的纸，在上面贴上各种各样的蝴蝶，然后将一张纸贴在左面的墙壁上，贴得稍高一些，以过宝宝的头顶为宜。另一张纸贴在右面的墙壁上，贴得稍低一点，以低于宝宝的大腿为宜。

（2）接着叫宝宝到身边来，告诉宝宝："墙壁上有这么多的蝴蝶，宝宝去捉蝴蝶吧！捉的时候一定要轻轻地，千万不要伤着蝴蝶哦。"

（3）宝宝捉完了左边墙壁上的，妈妈可以指引宝宝捉右面墙壁上的；高的地方，妈妈可以指引宝宝直立捉，低的地方，妈妈要指引宝宝蹲下捉，使宝宝得到充分锻炼。

父母须知

这个游戏可以训练宝宝直立和蹲下的技巧，同时教育宝宝爱护动物。此游戏活动量较大，玩一会儿后，要注意让宝宝适当休息，不要让宝宝运动过量，避免肌肉拉伤。

鞋子袜子配配对

游戏步骤

（1）将宝宝的小鞋小袜脱下，散落在地板上，让宝宝找出自己的鞋子和袜子，可以先做示范，告诉宝宝："鞋子和袜子都是一双的，都有两只，但是妈妈现在只能找到宝宝一双袜子，宝宝和妈妈一同给鞋子和袜子配对吧。"

（2）然后一边指导，一边让宝宝寻找，当宝宝找错时，妈妈可以进行对比，让宝宝知道那不是一双，直到宝宝找全为止。

（3）宝宝找到一双时，妈妈要给予鼓励和表扬，然后鼓励宝宝找到更多同一双的鞋和袜。

父母须知

这个游戏可以让宝宝认识左右鞋、袜的不同，理解数字的概念，并初步养成将鞋、袜归类的习惯。如果在夏季，妈妈可以让宝宝光脚在地板上寻找，但如果是秋冬季节，就不要让宝宝光脚了，避免着凉生病。

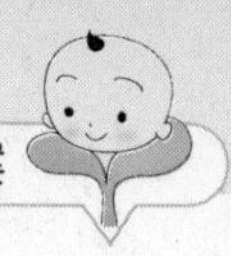

心得分享——看看过来人的锦囊妙计

进入宝宝断奶完结期，有些妈妈是不是感到越来越想给宝宝断奶了？此时给宝宝断奶非常好，但并不是每个宝宝都能顺利地断掉，所以妈妈还是要多用些办法，多借鉴一下过来人的方法，做好准备给宝宝断奶。

适当用零食帮助过渡

过来人：蝈蝈（化名）儿妈妈

“我家宝宝现在2岁了，在13个月的时候断奶的，断奶那几天还比较顺利。我和他爸选了一个周末，那天是星期五，我俩下班回家，先让他爸陪宝宝玩，我去买了菜，我特意准备了宝宝喜欢吃的番茄鸡蛋面，晚饭吃得很饱；到了9点多，再给他吃了一些喜欢的零食，这样就能保证一整夜都不饿。然后像往常一样，他爸给他洗澡，然后一直陪他玩、讲故事，这样他就忘了吃奶，后来宝宝累了就睡了，也就想不起找奶了。”

很多宝宝都爱吃零食。零食含热量高，口味好，在断奶时，给宝宝吃一些，可以预防宝宝夜间饿醒，所以蝈蝈儿妈妈的方法值得借鉴，但宝宝吃的零食最好是自己做的，忌给宝宝吃一些垃圾零食，如果冻、饮料、薯条、夹心饼干等，这些不利于宝宝健康，而且会让宝宝养成偏食、挑食的习惯。

用辅食代替母乳过渡

过来人：清清（化名）妈妈

“我家宝宝是1岁8个月断的奶，一直是母乳喂养。但因工作

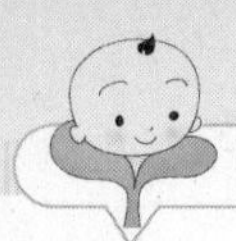

原因，在宝宝1岁时，我不得不把宝宝送去小区的幼儿园全托，这样白天几乎不再哺乳，而且宝宝特别爱吃辅食，所以断奶很顺利。只是到了晚上，宝宝还会要吃奶，喂过奶以后睡得特别好，所以晚上那顿，我就顺其自然，直到后来我奶水少了，也就彻底停止哺乳。”

虽说母乳是宝宝最佳的食物，但当妈妈不能再给宝宝喂母乳时，辅食就显得更为重要了。清清妈妈这种断奶方式，虽然比较特殊，但对断奶是非常有效的，妈妈们可以借鉴一下。

如无特殊原因，建议等宝宝3岁后再送去幼儿园，3岁后的宝宝自理能力、理解能力较强，而且也善于交友，这样对宝宝成长有利。

不让宝宝看见乳房

过来人：豆豆（化名）妈妈

“我家宝宝是在1岁1个月的时候断奶的，断奶时采取的是减少哺乳次数的方式，但宝宝适应能力很差，而且很黏人，所以一直给宝宝断不了，而且只要看到乳房，就要吃上两口。后来我感觉只要不让宝宝看见乳房，逐步给宝宝添加牛奶，可能更容易给宝宝断奶。抱着试一试的态度，我开始实施。为了不让宝宝看到，我就穿上了较紧实的衣服，将胸部严实地包裹起来，即使给宝宝洗澡我也穿着短衫，不让宝宝看见。只在宝宝非要吃奶时才给他吃，平时给宝宝喝些牛奶或是他爱吃的菜粥，逐渐拖长吃奶的间隔时间，给宝宝断了奶。”

一般比较黏人的宝宝不容易断奶，有时吮吸妈妈的乳房并不是为了吃奶，而只是希望能偎依在妈妈身边，享受着“母爱”。给这样的宝宝断奶，豆豆妈妈方法很好，值得妈妈们学习和借鉴。

此外，在断奶期间要给予宝宝更多的关怀，平时不要总忙自己的事。可多抽出时间陪伴宝宝，同他一起玩耍，多用手去抚摸宝宝皮肤，并用亲切的眼神看着宝宝说话，让宝宝知道爸爸妈妈时刻都在关注着他，这也会让宝宝渐渐淡忘吃奶，促进更快地断奶。

第十三章

异常排解，好妈妈胜过好医生

幼小的宝宝经常会出现这样或那样不适，有时甚至会生病，这让年轻的爸爸妈妈们非常担忧，时不时就带宝宝上医院，花了钱不说，有时宝宝也受折磨。其实，宝宝有不适不一定非要上医院，也可以通过家庭调理、食疗给予治疗，只要对症，也许会比药物更有效，而且也比较及时。相信只要用科学的方法，好妈妈定能胜过好医生。

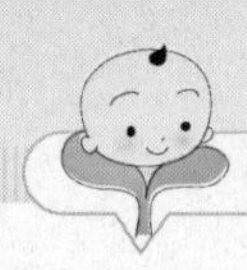

对号入座——宝宝常见问题调补

宝宝要断奶了，一些常见问题也会接踵而至，如缺钙、缺铁、缺锌、厌食、肥胖、睡眠不好、出牙不适等等，这不仅让宝宝感觉非常难受，而且对宝宝生长发育也有极大的影响。父母一味着急是没有用的，关键在于对症调理，从饮食、生活等方面着手，利用科学方法，积极治疗，一段时间后，宝宝就能康复起来。

缺　钙

一直以来，缺钙都是宝宝生长发育中常见的问题之一。其实，补钙的关键在于吸收。一般来说，母乳中的钙吸收率是最高的，高达80%，所以母乳喂养，妈妈应该注意补钙，尤其在哺乳期间每日应保证摄入1200毫克钙，这样才能使宝宝摄取到充足的钙质。其次，牛奶中钙的吸收率也较高，可达到60%，所以只要宝宝没有乳糖过敏症状，断奶后便可给宝宝添加牛奶，以保证补充充足的钙质。

给宝宝补钙的方式大体可有两种，一是食物调养，二是补充辅助钙剂。最常用、最有效的方法就是增加奶制品的摄入量。如果宝宝喜欢喝奶，可每天早晚搭配一杯牛奶，中午午休后喝一杯酸奶，这样不仅有助于补钙，而且还可增加胃肠蠕动，促进食物的消化。

但并不是每个宝宝都喜欢喝奶，所以妈妈还可运用食疗的方法为宝宝补钙。一般富含钙质的食材有：牡蛎、紫菜、大白菜、花椰菜、大头菜、青萝卜、甘蓝、小白菜等，但需注意搭配。

调养食疗方

虾皮西葫芦饼

（10个月以上适用）

原料：虾皮500克，西葫芦1个，面粉、牛奶各适量，植物油少许。

用法：将虾皮用油炒熟，放入粉碎机中打碎，取出后，加少量清水调成虾酱；西葫芦去皮擦丝，加入少许面粉、牛奶、虾酱调成糊状；将平锅置于火上，倒入少许植物油，将调好的糊摊成软饼即成。晾至温热后，给宝宝食用。剩余虾酱还可拌粥、拌饭、调汤。

食疗功效：虾皮富含钙质，常给宝宝吃，有助于补钙。

骨头汤

（8个月以上适用）

原料：猪棒骨适量。

用法：将买来的大棒骨洗净，敲裂或敲断，凉水下锅，放入骨头，烧开后，撇去浮沫，加葱、姜、料酒和少许醋，用小火炖煮，时间可长一些。让宝宝喝汤，吃骨髓。

食疗功效：动物骨骼中富含钙质，特别是骨髓，可让宝宝吃一些，有助于补钙。

麻酱菜泥

（6个月以上适用）

原料：油菜30克，芝麻酱适量。

用法：油菜洗净后放入沸水中焯熟，捞出剁碎，拌入适量芝麻酱即可。

食疗功效： 油菜营养丰富，钙含量也非常高，搭配麻酱做成的菜泥，不仅味道香美，可增进宝宝食欲，而且易吸收，有助于补钙。

麻酱米粉

（6个月以上适用）

原料：芝麻酱、米粉各适量。

用法：米粉是宝宝常吃的一种辅食，冲调好后加入适量芝麻酱，给宝宝换口味的同时营养也增多了。

食疗功效： 米粉是宝宝爱吃的食物，搭配富含钙质的麻酱，可增进宝宝食欲，有助于补钙。

小妙招

在用食物给宝宝补钙时，一些小妙招也有助于宝宝对钙的吸收。

（1）熬骨头汤勿忘加醋，这样可以帮助钙的吸收。

（2）临睡前服用钙剂，钙质容易被吸收。宝宝睡眠时骨骼成长较快，而且对钙质的吸收较好。

（3）烹调菠菜、茭白、韭菜等含草酸较多的蔬菜，可用沸水焯煮片刻，溶解草酸，即可与含钙的食物一同烹调，避免降低钙的吸收。

补钙不是越多越好，过量则有害，所以补钙一定要在监测骨钙的基础上补才安全。

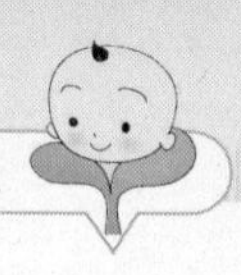

缺 铁

缺铁是一个全球性问题，据调查，全球大约有37亿人缺铁，其中发展中国家人群较严重，40%～50%的5岁以下儿童都患有缺铁症状。缺铁会导致缺铁性贫血，患儿出现疲乏无力，面色苍白，皮肤干燥、角化，毛发无光泽，指甲会出现条纹隆起，易骨折；长期贫血的宝宝，还易出现“异食癖”，精神不稳定，易怒、易动、兴奋、烦躁，甚至出现智力障碍。

一般来说，宝宝出生后体内储存由母体获得的铁质，可供宝宝生长发育3～4个月，因此0～6个月的宝宝每日需摄取铁较少，约0.3毫克；从6个月以后，宝宝体内的铁质会逐渐消耗殆尽，此时可增加剂量，6～12个月的宝宝每日需摄取10毫克的铁，1～3岁的宝宝每日需摄取12毫克的铁，以后摄取量会逐渐稳定。

补铁首先应从吃上下工夫，注意饮食搭配，常给宝宝吃些富含铁的食物，如：动物脏腑（肝、心、肾）、蛋黄、瘦肉、虾、海带、紫菜、黑木耳、南瓜子、芝麻、黄豆、绿叶蔬菜等。食材选好后，还应注意吸收。现代医学研究证明，只有二价铁离子才能被人体吸收。在酸性环境下，三价铁易转变为易溶于水的二价铁。所以为了促进铁质的吸收，在吃含铁的食物时，还应吃一些酸性的食物，如番茄、酸黄瓜、酸菜等。此外，人吸收铁时，需要铜、钴、维生素C的配合，所以除搭配吃一些酸性食物外，还可吃一些富含维生素C的水果，如猕猴桃、柑橘、橙子、番茄等。

但值得注意的是，补铁莫过量，过量同样对身体有害。铁可能直接腐蚀胃肠黏膜，以致出现呕吐、腹泻、黑便、腹痛和胃肠炎等疾病。而且过量的铁还容易使身体代谢失去平衡，使机体免疫功能降低。所以，建议补铁前先去医院做一次检查，确定后，再给宝宝补铁。

调养食疗方

猪肝瘦肉粥

（6个月以上适用）

原料：鲜猪肝、鲜瘦猪肉、大米各50克，油15毫升，盐少许。

用法：将猪肝、瘦肉洗净，混合剁成泥，加油、盐适量拌匀；将大米洗净，放入锅中，加清水适量，熬煮至粥将熟时加入猪肝瘦肉泥，再煮至肉熟即可。每日1剂，分服2次。

食疗功效：猪肝、瘦肉中富含铁，可明目强身，有助于预防缺铁性贫血。

鸡肝芝麻粥

（7个月以上适用）

原料：鸡肝15克，大米100克，鸡汤适量，酱油、熟芝麻各少许。

用法：大米洗净，浸泡30分钟，捞出；将鸡肝放入水中煮，除去血污后再换水煮10分钟后捞起，放入碗内研碎；将大米放入锅中，加适量清水熬煮成粥；另起一锅，取适量鸡汤放入锅中，加入研碎的鸡肝，煮成糊状，倒入煮好的稀粥中，再放少许酱油和熟芝麻，搅匀即成。

食疗功效：此粥含有丰富的蛋白质、钙、铁、锌及维生素A、维生素B_1、维生素B_2和烟酸等多种营养素，有助于宝宝补铁。

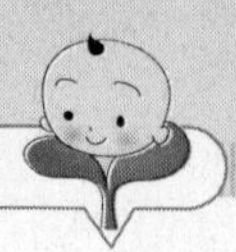

鸭血羹

（8个月以上适用）

原料：鸭血1小块，高汤、水淀粉各适量。

用法：鸭血切小块，沸水焯后，捞出；锅内放入高汤煮沸，加入鸭血块，熬煮约15分钟，嫩烂后用水淀粉勾芡即成。

食疗功效：鸭血富含容易被人体吸收的血红素铁，具有良好的补铁护肝作用，还可预防缺铁性贫血。

木耳红枣酱

（8个月以上适用）

原料：水发黑木耳20克，大枣（干品）8枚，红糖5克。

用法：黑木耳择洗干净；大枣洗净，剔除枣核。锅内放清水，煮开后加入大枣和木耳，再改用小火煮至酥软，然后加入红糖调味即可。

食疗功效：黑木耳中富含铁，红枣既可补气又养血，搭配食用可补铁升血，有助于预防缺铁性贫血。

实际上，补铁并不是宝宝一个人的事，要想宝宝不缺铁，妈妈应该与宝宝一同补铁，尤其是怀孕期与哺乳期，这样宝宝在未断奶前就可以从母乳摄取铁。妈妈还可掌握一些补铁的小妙招，促进宝宝对铁的吸收。

小妙招

从6个月起，给宝宝添加含铁的强化食品。如强化铁奶粉、强化铁米粉等，一般超市都有销售，而且制作也较简单。

专家提示

吃含铁的食物后，不要饮用乳制品，避免牛奶中的钙、磷阻碍对铁的吸收。此外，不要给宝宝过早饮茶，茶会抑制铁的吸收，而且易使宝宝中枢神经过于兴奋。

缺 锌

锌是人体生长发育、生殖遗传、免疫、内分泌等重要生理过程中必不可少的物质。锌可加速宝宝的生长发育，维持大脑的正常发育，增强机体免疫力，对维生素A的代谢及宝宝的视力发育具有重要作用。

宝宝缺锌易出现厌食、头发黄、指甲出现白点、有异食癖、口腔溃疡等症状，而且免疫力低下，容易患上感冒、发烧、呕吐、腹泻等疾病，生病后不容易康复。严重缺锌的宝宝凝血功能差，如被烫伤、割伤、摔伤时，伤口凝血慢，不易愈合。

其实，人体所需锌并不多。一般4个月以内的婴儿每日需锌3毫克，6～12个月每日需要锌5毫克，1～3岁每日需要锌10毫克，15岁后与成人相同，每日需要锌15毫克。父母只要注意给宝宝适当吃鱼、瘦肉、动物肝脏、鸡蛋等，养成好的饮食习惯，不挑食、不偏食，一般不会缺锌。因此，有轻微缺锌症状的宝宝可以通过食疗给予补充。

日常生活中含锌的食物较多，如猪瘦肉、羊肉、动物肝脏、蟹肉、虾皮、鸡肉、蛋黄、带鱼、黄鱼、紫菜、香菜、白萝卜、胡萝卜、口蘑、红枣、黄豆、苹果、香蕉、乌梅、山楂、芹菜、大白菜、玉米、小麦、小米等。食物中牡蛎、鲱鱼含锌量最高，每千克含锌量超过100毫克；其次是肉、肝、蛋类、蟹、花生、核桃、茶叶、杏仁、芝麻，每100克含锌20～50毫克；麦类、鱼类、胡萝卜、土豆，每100克含锌6～20毫克。这些食物含锌量较高，可以作为补锌食材。

1岁以内的宝宝还可从母乳中摄取锌。母乳中的锌含量较高，而且吸收率也较好，可达62%，因此有条件的妈妈至少要哺乳3个月。一般肉类食物中含锌量较高，且容易被人体吸收。宝宝可以吃肉类辅食后，应常给宝宝烹调一些。但需注意，富含锌的肉类食物不要与含膳食纤维较多的食物同吃，因为植物性食物所含的植酸和纤维素可与锌结合成不溶于水的化合物，从而妨碍人体对锌的吸收。

此外，由于锌的有效剂量与

中毒剂量相差甚小，故使用不当很容易导致过量，使体内微量元素平衡失调，甚至出现加重缺铁、贫血、缺铜等一系列病症。所以，当宝宝出现缺锌症状时，不要一味补锌，导致整个饮食结构方向出现偏差。

在用食疗给宝宝补锌时，建议经常与营养医师交流，并给宝宝做定期监测，避免宝宝锌过量。

调养食疗方

西蓝花拌肝泥

（6个月以上适用）

原料：西蓝花、胡萝卜、鸡肝各适量，盐、姜、香油各少许。

用法：将西蓝花、胡萝卜洗净，用水焯熟后切成小块。鸡肝用盐水和姜末一同煮熟，用匙子压成泥。将肝泥与西蓝花、胡萝卜混合，淋上少许香油、盐拌匀即成。

食疗功效：西蓝花中矿物质成分比其他蔬菜更全面，钙、磷、铁、钾、锌、锰等含量都很丰富。

乌梅汤

（6个月以上适用）

原料：乌梅8枚。

用法：乌梅用刀切碎，将碎乌梅连核一起放容器中加2碗清水浸泡30分钟，然后大火煮沸转小火煮30分钟，开锅将煮好的汤水倒出即可。

食疗功效：乌梅味酸性温，除了能开胃消食外，还具有收敛生津的作用，对吃坏了肚子腹泻的宝宝有很好的收敛止泻作用。

五香鸭肝

（6个月以上适用）

原料：鸭肝2块，葱段、姜片、茴香、白糖各适量。

用法：鸭肝洗净后，放入沸水锅中焯一下，去掉污血和腥味；锅内放入葱段、生姜片、茴香，再加适量水煮沸，放入鸭肝、糖，用小火焖15分钟；关火后，鸭肝浸于卤汤中约20分钟即可。可切碎或捣烂给宝宝食用。

食疗功效：鸭肝内蛋白质、铁、维生素B_1、维生素B_2的含量丰富，有很好的防贫血功效。

胡萝卜番茄汤

（6个月以上适用）

原料：胡萝卜、番茄、鸡蛋、葱、花生油、盐、味精各适量。

用法：胡萝卜、番茄去皮切厚片。热锅下油，倒入胡萝卜翻炒几次，注入清汤，中火烧开。待胡萝卜熟时，放入番茄，加上各味调料。把鸡蛋打散倒入，撒上葱花即可。

食疗功效：胡萝卜中含有丰富的胡萝卜素、锌、铁等营养，是补锌补益的佳品，搭配番茄，可促进对锌的吸收，有助于补锌。

小妙招

❶ 肉类搭配粗粮，促进锌吸收

肉类中含锌较多，粗粮中富含氨基酸，锌在氨基酸的作用下，更容易被溶解、吸收。

❷ 适量给宝宝喝一些淡茶

茶叶中含锌，而且可解油腻，当宝宝摄入肉类食物后，可以给宝宝喝一些淡茶，有助于去油脂，也能促进对锌的吸收。

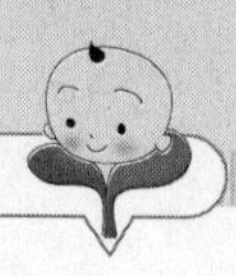

受 惊

宝宝的神经发育尚不完善，有时外界突然的响声、嘈杂的环境、陌生的来客，都会导致宝宝受到惊吓。尤其在宝宝似睡非睡的状态下，更容易引起。宝宝受惊后主要会有以下表现：

（1）如果宝宝在睡觉时被什么声音吓醒，会全身发抖、突然大哭起来，边哭边将小手扣紧，有时手心会有怦怦地跳反射，有时可见脑袋上的青筋暴露或者鼻子、眼睛中间的位置发青。

（2）如果白天宝宝玩耍时，突然被陌生人打扰，或环境较嘈杂，夜晚会出现睡不安稳、眼睑半闭半睁、眼球晃动频繁，稍微有一点动静就会被惊醒，且大哭起来。

宝宝受惊后，最需要的就是亲人的关怀，特别是妈妈的关怀。所以妈妈除了安抚外，平常要抽出一段时间陪伴宝宝玩耍，可以多做一些亲子活动，让宝宝体会到家的安全感。此外还可搭配一些补心安神的食材，调补宝宝的身体，帮助宝宝睡好觉。

日常生活中随手可见的安神食材有：小米、牛奶、百合、灵芝、红枣、猪心、酸枣仁、茯苓、莴苣汁、西米、鹌鹑蛋、牡蛎、桑葚、莲子、核桃、芝麻、银耳、枸杞等。妈妈可根据宝宝的不同月龄，适当给宝宝添加。

建议：一般6个月内的宝宝以汤水为主，如柠檬水、酸枣仁汤、小米粥等。6个月以上的宝宝就可以加一些泥糊状或块状的食物了，如绿豆莲子粥、猪血汤、百合龙眼粥、藕汤、虾泥等。

酸枣茯苓水

（出生后即可饮用）

原料：酸枣仁、茯苓各10克。

用法：将酸枣仁与茯苓放入煲中，加适量清水，煎煮10分钟，代水饮，饭后15分钟温服，每日1剂。

食疗功效：酸枣仁与茯苓性平，能补血养肝、益气安神，代水饮用，可逐渐稳定宝宝情绪，而且口味酸甜，易被宝宝接受。

山药桂圆粥

（8个月以上适用）

原料：大米40克，桂圆3颗，山药100克。

用法：大米洗净，用温水浸泡20分钟，捞出；山药去皮，洗净，切碎；将桂圆、大米、山药一同放入煲中，加适量清水，煮沸转小火，熬煮成烂粥即成。每日1剂，分2次吃完。

食疗功效：山药桂圆粥清甜滋润，可养血安神，有助于缓解宝宝受惊问题。

杏仁糯米粥

（8个月以上适用）

原料：甜杏仁10克，糯米60克，冰糖适量。

用法：将甜杏仁洗净，研碎；糯米洗净，用温水浸泡20分钟，放入锅中，加适量清水，煮沸，加入研碎的甜杏仁，同煮成粥，即可给宝宝食用。每日1剂，连用3～5日。

食疗功效：甜杏仁味甘甜，具有清心安神、开胃润燥的功效，可稳定宝宝情绪，缓解受惊。

注意事项

（1）宝宝睡觉时，尽量保证屋内安静；环境嘈杂时，妈妈要在身边陪伴宝宝，经常轻拍抚摸宝宝，使宝宝能安心睡觉。

（2）月龄较小的宝宝不宜常带去陌生人家中做客，即使要去，也要控制时间，拜访时间越短越好。

（3）宝宝受惊后，妈妈要保持镇定，避免宝宝再次受影响。

肥 胖

随着现代生活水平的提高，越来越多的家庭在不经意间养出了“小胖墩”。虽说胖乎乎的宝宝看起来身体强壮，但事实证明并非如此。一般婴幼儿期就开始有肥胖症状的宝宝，成年后患高血压、动脉粥样硬化、冠心病、糖尿病等疾病的比例比正常孩子高。而且有数据表明，婴幼儿时期体重超标10%，手眼协调能力和肢体协调能力将下降14.7%。这就是说，肥胖不仅对身体的影响很大，对智力和精细动作的发育影响也很大。

那么，是什么原因导致宝宝出现肥胖问题的呢？主要原因来自于父母的喂养方式与饮食习惯。

一般肥胖的宝宝大多食欲较好，爱吃甜食，有些妈妈认为只要宝宝肯吃，就要给宝宝添加，于是宝宝从食物中摄入的能量远超过消耗量，使过多脂肪堆积体内，引起肥胖；还有就是垃圾”零食，有些宝宝平日里养成了挑食、偏食的习惯，但见了零食就不停地吃，将饮料、薯条、饼干、巧克力当做了主食，殊不知这些食物热量高、脂肪含量也高，结果，这些不良习惯终究演变成一个小胖墩。

其次，就是父母喂养方式不当造成。有些父母不喜欢宝宝总剩饭菜，强迫宝宝将剩下的全部吃完，不知不觉中就扩大了宝宝的胃容量，也就引起了肥胖问题。

因此，要想改善肥胖，只是单纯依靠控制饮食是不行的，还需要从改变喂养习惯入手，纠正孩子的不良饮食方式，科学合理膳食。

（1）根据宝宝的发育状况，逐步添加辅食，如果宝宝不愿意吃，也不要强迫。

（2）辅食的量要有控制，不要宝宝爱吃就多吃。

（3）对于食量好的宝宝，可采取少食多餐的进餐方式，使宝宝全天的总热量不要超过总消耗量。

（4）从小培养宝宝细嚼慢咽的饮食方式，经过咀嚼的食物易消化，而且容易产生饱腹感，不会吃多。

（5）不要给宝宝购买高热量、高脂肪的零食，培养宝宝多喝白开水的习惯，尽量减少宝宝吃甜食的机会。

（6）多给宝宝吃一些富含维生素、膳食纤维、水分的蔬菜、水果，可促进胃肠蠕动，平衡饮食结构。必要时，可以去看专业的营养医师，给出适合孩子需要的营养摄入指标和减肥食谱。

（7）注意运动，常与宝宝做游戏，多去户外晒太阳，这样既可锻炼体能，缓解肥胖问题，还对宝宝骨骼发育有好处。

专家提示

宝宝还小，不宜以大人的方式减肥，但可以通过食疗逐渐使宝宝“苗条”起来。

调养食疗方

冬瓜粥

（8个月以上适用）

原料：冬瓜150克，大米50克。

用法：冬瓜去瓤和皮，洗净，切成薄片；大米淘洗干净，用清水浸泡30分钟；将冬瓜片和大米一同放入沙锅中，加适量水，熬煮成粥即成，晾至温热后，给宝宝食用。

食疗功效：冬瓜中水分较多，热量较低，是肥胖宝宝的最佳食物。

纯豆浆

（6个月以上适用）

原料：黄豆60克，白糖少许。

用法：用水浸泡黄豆4～6小时，捞出，洗净，倒入豆浆机中，加水至上下水位线之间，接通电源，按下“湿豆”功能键，20分钟后豆浆即成，滤出汤汁，晾温，加少许糖调味即成。不可长期饮用，1周饮用2～3次即可。

食疗功效：豆浆属高蛋白、低脂肪食物，可加快身体的新陈代谢，减少体内油脂，缓解肥胖。

芹菜百合汤

（8个月以上适用）

原料：芹菜200克，百合80克。

用法：将芹菜抽丝，洗净，斜切成条状；百合用温水泡发，一同放入榨汁机中打碎，倒入奶锅中，加适量清水，小火熬煮15分钟，即可给宝宝食用。

食疗功效：芹菜富含膳食纤维，可促进胃肠蠕动，帮助消化，搭配百合可清心润肺，清热排毒，缓解肥胖。

厌食

很多父母经常会问："宝宝食欲不振，是厌食了吗？"其实未必。真正的厌食是指孩子长时间食欲不振，甚至拒吃，而且这种情形一般持续两个月以上。

一般宝宝在身体健康的情况下，如果平时饮食都很正常，突然出现食欲不好、不爱吃饭，有可能是疾病引起，如腹泻、感冒、口腔溃疡、咽喉肿痛等。如果是这样，只要及时将疾病治好，宝宝就会恢复正常。

因此，当宝宝发生食欲不振时，父母首先要做的就是查明原因，对症治疗才有效。除疾病外，一般引起宝宝厌食的原因有以下几方面：

❶ 错误的喂养方式

有些父母总是担心给宝宝的营养不足，因此每顿都让宝宝吃很多，宝宝不愿意吃，就采取诱骗、打骂、多给零食等催逼方法，企图让孩子多吃，结果常适得其反，终究酿成宝宝厌食。宝宝胃容量小，如果长期给宝宝吃过多的食物，宝宝胃就得不到很好的休息，容易造成伤食，而且父母的催逼更容易引起宝宝的厌烦情绪，使之演变成厌食。

❷ 气温高、湿度大

气温高、湿度大的夏天，或者热带城市，因为大量流汗会导致锌流失严重，会严重影响孩子的胃肠功能，使消化功能下降，引起厌食。

❸ 情绪不稳定

情绪等神经因素对于宝宝的食欲影响也很大。当父母经常吵架，家庭氛围不和时，宝宝易出现呕吐、睡眠不安、腹泻、厌食。当宝宝受到挫折，或达不到父母的要求受到责备时，就容易影响宝宝的情绪，使之食欲下降，久而久之也就成了厌食。

当宝宝出现厌食后，父母首先要带宝宝去医院做体格检查及必要的化验，排查是否因疾病引起。如果是，要及时配合医生治疗；如果不是，就要从日常生活中寻找细节问题，确定病因，尽早进行调养。

一般可通过食疗进行调养。妈妈可多做一些可口的食物给宝

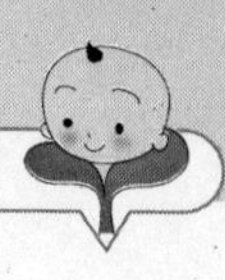

宝吃，花样可以丰富一些，可少食多餐，尽量避免生吃瓜果，损伤宝宝脾胃，忌食零食、冷饮与肥腻、辛辣食物。可通过蔬菜汁、水果泥来增加宝宝食欲，如山楂汁、胡萝卜汁、苹果泥、香蕉泥等。

调养食疗方

菠萝苹果汁

（6个月以上适用）

原料：菠萝1/6个，苹果1个，凉开水200毫升。

用法：将菠萝、苹果去皮切丁，加水放入果汁机搅拌均匀，即可饮用。

食疗功效：促进消化，补充维生素C，缓解宝宝厌食。

梨粥

（6个月以上适用）

原料：雪梨2个，粳米90克。

用法：粳米淘洗干净；梨洗净，去核，连皮切碎，放入锅中，加水适量，煮沸后，用小火煎煮30分钟，加入粳米，继续熬煮成粥，待晾至温热后，给宝宝喂食。

食疗功效：梨粥可开胃健脾，促进消化吸收，缓解宝宝厌食。

专家提示

喂养厌食的宝宝是一件困难的事，所以妈妈们要有耐心，多想办法，多引导，激发宝宝对食物的兴趣，逐步让宝宝爱上吃饭。

铅中毒

铅是一种有毒的重金属，在我们日常生活中比较常见，比如汽车带过的尘土、电池、铝合金制品、保险丝等。随着现代工业、交通的发达，铅污染日趋严重，已成为影响人们健康的一大公害，造成慢性铅中毒的主要原因就是环境污染。

铅中毒的危害极大，会对神经系统、血液系统、心血管系统、骨骼系统等方面造成终身性的损害。铅中毒的宝宝智力低下，学习困难，常伴有弱视、嗅觉、味觉等障碍。如果血液中含铅量大，还会导致贫血、心血管病、心脏功能紊乱等疾病。但是铅中毒不会很快发作，是长期积累的结果，是看不见的，等发现宝宝中毒已经影响发育了。

因此，为了防治铅中毒，爸爸妈妈一定要引起关注。首先，可以通过食疗，为宝宝制作排铅套餐，帮助宝宝排出毒素。

调养食疗方

胡萝卜牛奶

（8个月以上适用）

原料：胡萝卜50克，牛奶200毫升。

用法：胡萝卜去皮洗净，煮熟后取出，压烂，加入牛奶调成糊状，给宝宝食用。

食疗功效：胡萝卜中富含铁，牛奶富含蛋白质，蛋白质和铁可取代铅与组织中的有机物结合，加速铅代谢。

双耳羹

（8个月以上适用）

原料：木耳、银耳各10克，红枣3枚，莲子5枚，冰糖适量。

用法：将木耳与银耳分别用清水浸泡2～3个小时捞出，去除杂质部分，撕碎；红枣洗净，切碎；莲子去芯，温水浸泡30分钟，捞出洗净，捣碎；将上述食材一同放入锅中，加适量清水，小火慢熬，至木耳、银耳软黏，加入冰糖，拌匀即成。

食疗功效：木耳可补气血、润肺、止血，其中的胶质可把残留在人体消化系统内的灰尘、杂质吸附，集中起来排出体外，从而起到清胃洗肠的作用。

橘汁

（6个月以上适用）

原料：新鲜橘子1个。

用法：将橘子去除皮和络，放入榨汁机中，加适量温开水，搅打成汁，滤出，即可给宝宝饮用。每天饮用150毫升。

食疗功效：橘子富含维生素C，维生素C与铅结合的生成物难溶于水，易随粪便排出体外。

甘草绿豆汤

（6个月以上适用）

原料：甘草10克，绿豆50克。

用法：将甘草装入干净的纱布包中，与绿豆一起煮汤，煮至绿豆酥烂，晾温，即可给宝宝食用。

食疗功效：绿豆具有很好的解毒功效，搭配甘草可补脾益气、清热解毒、祛痰止咳，排出宝宝身体毒素。

出牙不适

宝宝要出牙了，妈妈的烦恼也随之产生。出牙的难受，让宝宝整天都哭闹、哼唧、呕吐，什么都不好好吃。有些妈妈不知道宝宝到底怎么了，弄得六神无主、惊慌失措、疲惫不堪。宝宝出牙时，由于硬硬的牙齿要突破皮肤黏膜、毛细血管和肌肉组织长出来，一个要长，一个不让长，抵抗力弱的宝宝当然就会表现出各种各样的症状了。

其实，出牙期宝宝喜欢用口唇接触、感知世界，见到什么都想咬。此时可以给宝宝一些磨牙食物，比如黄瓜条、熟胡萝卜条、硬的大枣、粗粮饼子等。这样不但可以刺激宝宝的味觉，磨薄阻挡出牙的口腔黏膜和肌肉组织，帮助快速出牙，对宝宝的大脑发育也非常有好处。

当然，对于反应较强烈，如出现腹泻、呕吐的宝宝，也可通过食疗的办法缓解。一方面可以缓解病症，另一方面也可调养脾胃，增强机体的免疫力，降低宝宝生病的几率。

调养食疗方

小米粥油

（6个月以上适用）

原料：小米20克。

用法：将小米洗净，放入沙锅中煮沸，小火熬煮至米熟烂即成，晾凉后，取上层粥油汤，给宝宝食用。

食疗功效：小米可健脾和胃，粥油易被消化，晾凉的小米粥可缓解宝宝牙龈充血，调养出牙不适。

大蒜粥

（6个月以上适用）

原料：大蒜3瓣，大米40克。

用法：大米洗净；大蒜去皮，洗净拍碎，与大米一同放入锅中，加入适量清水煮沸，小火熬煮成粥，晾温后，即可给宝宝食用。

食疗功效：大蒜可温中消食、暖脾杀菌，增强机体免疫力，搭配大米同煮成粥，可去除辣味，易被宝宝接受。

香菇粥

（8个月以上适用）

原料：香菇2朵，大米60克。

用法：将香菇泡发后，洗净，切碎；大米洗净，与香菇碎一同放入锅中，加适量清水煮沸，小火熬煮成粥，晾温后，即可给宝宝食用。

食疗功效：香菇内含维生素D，有助于骨骼和牙齿的生长，能减轻肠胃负担，还可增强机体免疫力，减少患其他疾病的几率。

接种疫苗

接种疫苗是每个宝宝出生后定期要做的事。一般新生宝宝从出生起直至12岁都有不同计划内疫苗接种，目的就是为了让宝宝身体能产生抗体，抵御疾病。因此，父母首先要了解接种疫苗的相关知识。

了解之后，妈妈要在规定的时间选择宝宝身体状况好的时间，让宝宝接种疫苗。这一点很关键，只要孩子有任何不适，比如腹泻、呕吐、发烧等免疫低下的症状，都不应该注射。其实，疫苗也是一种病毒，如果在宝宝生病时，接种疫苗很有可能引起

其他并发症，所以，无论如何都不应在宝宝生病或身体不舒服时，带宝宝去接种。

打预防针会疼，这个爸爸妈妈自然知道，但宝宝却还浑然不知，所以为了避免宝宝对此产生厌烦、害怕的情绪，妈妈应该在接种前，多与宝宝做一些扮演角色的游戏，让宝宝学会坚强，从容应对打针。

此外，在接种前妈妈还应该了解一些特殊的规定，如接种脊灰糖丸(脊髓灰质炎减毒活疫苗糖丸)前半小时内不能吃奶、喝热水等，这样才不至于产生不利影响。

一般接种时，医生会询问宝宝的各项情况，此时妈妈要如实回答，切勿遗漏。如果宝宝达不到接种的标准，妈妈也不要强求，可以另选时间，避免发生意外。

接种后，妈妈要带宝宝在医院或防疫站观察15～30分钟，避免发生异常。回家后，注射疫苗当天不要洗澡；疫苗都有抗原，要预防宝宝发烧，给宝宝多喝白开水；一些加入吸附剂的疫苗容易出现红肿、发热、疼痛等症状。妈妈可用热毛巾对红肿的地方进行热敷，减缓红肿症状。

打预防针后，要注意饮食调养。饮食应以流质、半流质为主，打预防针后3天应该多喝些米粥，如有些胃口还可以吃些清淡的东西，如果宝宝有发热症状，要吃一些水果，以及清热的食物，如西瓜、梨、苹果、番茄、葡萄、草莓等。忌吃燥热和滋补性的食物，如鱼、虾、螃蟹、牛肉、羊肉等。

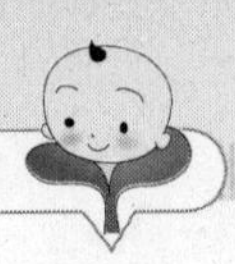

调养食疗方

小白菜香菇粥

原料：香菇2朵，小米60克，小白菜1棵，火腿丁、盐各少许。

用法：将小米洗净；香菇泡发，洗净切碎；小白菜洗净，切碎；将小米、香菇放入沙锅中，加适量清水煮沸，放入小白菜、火腿丁熬煮成粥，加入少许盐调味即可。晾温后，取适量给宝宝食用。

食疗功效：香菇搭配小米、小白菜，可健脾益气、益胃和中、解毒安神，有助于提高免疫力，减少宝宝生病的几率。

青菜煨面

（8个月以上适用）

原料：儿童细挂面1小把，青菜2棵，高汤适量。

用法：青菜洗净，切碎；将细挂面掰成两半；锅中加入高汤，煮沸后，下入细挂面，煮沸后放入青菜碎，调匀，转小火慢煮15分钟即成。适口后，给宝宝喂食。

食疗功效：青菜煨面口味清淡，容易被消化，适合宝宝接种疫苗后3天间食用，可调养脾胃，增加宝宝食欲。

疫苗伤口护理

伤口有瘙痒、疱疹时，可涂抹1%的龙胆紫药水；如出现继发性细菌感染时，可用四环素软膏局部涂抹；如宝宝有发热，可用金银花与甘草搭配水煎，连服3天；皮肤抓破处可用青黛散外敷，保护好宝宝娇嫩的皮肤。

睡眠异常

正常情况下，宝宝睡眠的时间较长，睡眠质量也比成人好得多，但一些心火肝热的宝宝就容易出现睡眠问题。主要表现为：

（1）入睡困难，需要哄很长时间才能安然入睡。入睡后易出汗，后半夜则睡不宁，频频转换睡姿和位置，有的宝宝还会迷迷糊糊坐起来，换个位置躺下再睡；有的还会做梦，或被梦境惊吓而醒，醒后大哭。

（2）心火肝热的宝宝舌苔、嘴唇偏红，脾气急躁，而且特别怕热，白天会晾着肚子睡觉，夜晚容易蹬被。

中医认为，肝火旺盛时，夜间难以入睡，时间越晚精神越好，而越不睡觉宝宝越虚弱，肝火越旺盛；而另一方面，肝火旺盛时，需要肾水去补，这样就加重了肾的负担，阻碍胃肠消化，营养也就难以被身体吸收，长此以往，易形成恶性循环，宝宝也会随着气血虚亏。

因此，当宝宝出现睡眠问题时，妈妈可以根据孩子的体质，采用清心平肝的办法来进行调理。

（1）吃一些清心、降火、安神的食物。如柿子、苦杏仁、苦瓜、百合、菊花、薄荷、柠檬、芥蓝、甘蓝等食物。这些食物富含维生素、矿物质，特别是钙、镁的含量高，可补虚、止咳、利肠、除热，缓解宝宝心火肝热的症状。

（2）睡觉不过点，养成按时睡觉习惯。妈妈可以在每晚宝宝睡觉时间，将宝宝抱入灯光较暗的房间，哄宝宝睡觉，使之形成条件反射，逐渐养成习惯。

（3）不要给宝宝吃太多滋补、易上火的食物。如橘子、芒果、荔枝、辣椒、茄子、羊肉、肥肉等。宝宝本身肝火较旺，如果吃过多这些食物，更容易导致肝火旺盛，影响睡眠。

（4）不要给宝宝吃得过饱。中医认为“胃不和则寝不安”，到了晚上脾胃也需要休息，如果吃得过饱，会加重脾胃的负担，扰动脾胃的阳气，从而影响睡眠。宝宝临睡前最好不要吃东西，晚餐宜吃七八分饱就可以了。

此外，也可通过食疗为宝宝清肝、解热、安神，解决睡眠问题。

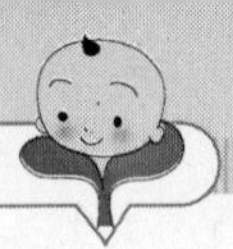

调养食疗方

罗汉果茶

（4个月以上适用）

原料：罗汉果1颗。

用法：将罗汉果放入茶杯中，冲入沸水，加盖闷约10分钟，滤出茶汤，晾凉，给宝宝饮用。每日1剂，连用3~5天。

食疗功效：罗汉果清热润喉，味道甘甜，可连续给宝宝喝几日，有助于改善平肝火，解决睡眠问题。

百合绿豆汤

（8个月以上适用）

原料：百合30克，绿豆60克，冰糖适量。

用法：将百合与绿豆分别用清水泡发，捞出洗净，放入豆浆机中，加水至上下水位线，接通电源，使用“八宝米糊”功能键，20分钟后，滤出汤汁，加入冰糖拌匀，晾温后，便可给宝宝食用。

食疗功效：绿豆搭配百合制成汤汁，可清热解毒、清心润肺、滋补肾水，有助于改善睡眠。

荸荠白萝卜粥

（8个月以上适用）

原料：大米60克，荸荠1个，白萝卜100克。

用法：大米洗净；荸荠去皮，洗净，切块；白萝卜去皮，洗净，切块；将荸荠与白萝卜放入榨汁机中打碎，倒入锅中，加入大米，加适量清水，煮沸后，转小火熬煮成烂粥即成。凉温后，即可给宝宝食用。

食疗功效：荸荠具有清热化痰、开胃消食、生津润燥的功效，搭配白萝卜可健脾开胃，促进食物消化，平肝祛火，调养宝宝睡眠问题。

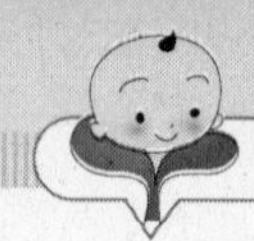

常见病食疗——宝宝健康别办"全托"

大多数父母在遇到宝宝生病时，首先想到的就是去医院打针、吃药，这一点并没有错。但俗话说得好："是药三分毒。""食物是最好的药方。"妈妈们不妨尝试一下用食疗治愈宝宝的病痛，相信只要选对食材，搭配合理，不仅可调养病症，同时也可以让疾病在吃中"消失"，这岂不是一举两得的事。

感冒

感冒是宝宝最容易发生的一种常见病，尤其在换季、天气骤变、宝宝抵抗力差时容易发生。要治疗感冒一定要分清风寒还是风热，症状不一样，食疗的方法也大相径庭。

❶ 风热感冒

风热感冒一般是由于上火引起的，宝宝风热感冒时，通常在感冒之前就出现喉咙痛，感冒时，咳嗽带痰，痰液呈黄色或带黑色，伴有黄色浓涕，舌苔带有黄色，也有可能是白色，舌体通常比较红；便秘、身热、口渴。宝宝生命活动旺盛，内火较大，加之脾胃发育不完善，消化不良时，很容易引起内热症状，这也就是中医说的"内热外感"。所以一般风热感冒中医使用的都是清热解毒、定惊安神的温和药剂。

❷ 风寒感冒

风寒感冒多由受凉引起，发

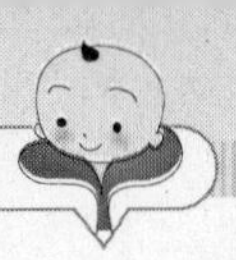

作时，舌无苔或薄白苔，流白色或稍微带点黄清涕，如果宝宝鼻塞，喝点热开水后，就会开始流清涕。宝宝风寒感冒时，可以用清热解毒、定惊安神的中药剂。此时，宝宝脾胃寒气重，很容易引起腹泻，所以还应给宝宝搭配一些温中健脾的食疗餐，辅助治疗，使身体逐渐康复。

无论是风寒感冒还是风热感冒，喂药时，千万不可中药、西药一起吃，两种不同的药一起吃，互相影响效果，不仅达不到治疗的目的，还容易引起孩子不舒服。一般来说，中药基本都是苦的，很不好喂，所以最好选择粉末状的中药剂，调成糊给宝宝喂下后，然后赶紧喝点水，压下去。一般宝宝都不会吐出来，药效也能得到充分发挥。如果宝宝不愿吃也应该另寻其他治疗方法，毕竟吃药是有剂量要求的，吃一点吐一点是不会起效的。

建议小感冒不吃药。可以在饮食和护理上多下工夫，多给宝宝喝水，饮食清淡，注意保暖就可以了。但如果经过检查确诊是支原体病毒引起的感冒，还是要遵医嘱配合抗生素类西药进行治疗的。

调养食疗方

小米红枣粥

（6个月以上适用）

原料：小米80克，大枣3～4枚。

用法：小米洗净，用温水浸泡15分钟，滤去水分；大枣用温水浸泡至软，去除皮和核，切碎；将小米与红枣碎同煮成稀粥，取小米粥油与枣泥喂食宝宝。

食疗功效：大枣健脾养胃，搭配小米粥油对病后宝宝身体恢复极有好处，适合感冒后宝宝食用，可保护宝宝胃黏膜，增强食欲。

大蒜粥

（8个月以上适用）

原料：大米40克，大蒜3瓣，胡萝卜、小白菜叶各适量。

用法：大米淘洗干净；大蒜洗净，捣烂；胡萝卜洗净，切丝；小白菜叶洗净，剁碎；将大米和大蒜一同放入锅中，加适量清水，熬煮15分钟，放入胡萝卜、小白菜，继续熬煮成稀粥即成。趁热喝汤，吃大蒜。

食疗功效：大蒜具有杀菌作用，煮熟后辛热、糯甜，特别适合宝宝感冒期间食用。

白果莲子粥

（8个月以上适用）

原料：糯米80克，白果2～3枚，莲子3～5枚，冰糖少许。

用法：糯米淘洗干净，用水浸泡15分钟；白果洗净，捣烂；莲子洗净，用温水浸泡30分钟，捣碎；将上述食材一同倒入煲中，加适量清水，以大火煮沸，转小火熬煮成稀粥即成。

食疗功效：白果莲子粥可滋阴润肺、止咳化痰，适合鼻塞痰多时食用。

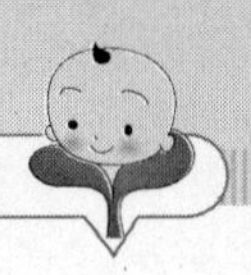

护理方法

❶ 艾叶煮水洗澡法

在中药房买来艾叶，水煎，捞出残渣，调好水温即可洗澡，适合风寒感冒的宝宝使用，但要把握使用的量，药浓度过高易引起过敏性皮疹。

通常预防感冒的量为：0～6个月的宝宝，每次10～20克，每日1次；6～12个月的宝宝，每次20～30克，每日1次；1岁以上的宝宝，每日30克，每日1次，每周2～3次。

治疗感冒的量为：0～6个月的宝宝，每次20～30克，每日1次；6～12个月的宝宝，每次30～50克，每日1次；1岁以上的宝宝，每日50克，每日1～2次。严重寒气入侵的需要连续洗3次。

❷ 帮助宝宝通气化痰

由于宝宝年龄小，并不懂得如何将痰液咳出，鼻塞严重时，还会出现拒食症状。因此，妈妈一定要帮助宝宝通气化痰。

一般来说，感冒会持续5～7天。如果宝宝感冒药吃了快一周，仍旧流黄涕、咳嗽，嗓子里有痰，但精神、吃饭、睡觉都逐渐正常起来，很可能宝宝感冒已经好了，只是因为前期感冒流鼻涕引起鼻黏膜充血，诱发了季节性鼻炎。此时，妈妈们先不要去医院打针，可以给宝宝吃点化痰的小中药，或去药店买滴鼻液用水稀释后（水和滴鼻液的比例是1∶1），在清洁宝宝鼻腔后连续给宝宝滴1～2滴，症状即可缓解。

宝宝痰多时，可以将雪梨捣烂，熬成雪梨汤，或购买秋梨膏、罗汉果等食品，都可缓解症状。

❸ 注意按时用药

医院开出的药，要保证6个小时喂一次，药效能充分发挥。时间过短，宝宝体内的药还没等发挥作用，就加大了剂量，增加肾脏负担；时间过长，病毒会反复，易产生抗药性，对宝宝的康复很不好，所以妈妈一定要按时喂，不可偷懒。

发 热

发热常与感冒一同发生，多由于上呼吸道感染、胃肠或泌尿道感染、肺炎、不明发热等原因引起。发作时，宝宝体温升高，哭闹不休，高热时容易引起惊厥症状。所以，宝宝发热时，首先要做的就是给宝宝降温退热，建议家中应常备退热药或栓剂，栓剂退热快，而且不伤宝宝脾胃。

一般先不要着急上医院，避免产生交叉感染，可依据下列方法做初步处理。

❶ 确定体温

一般宝宝体表温度较高，发热时温度升高快，为免误测高温虚惊一场。首先要确定体温。可将体温表甩到35℃以下，然后夹在宝宝的腋窝处，等10分钟以上。宝宝体温低于37℃属于正常体温，37℃～38℃为低热，超过了38℃也别慌，宝宝耐受程度与成人不同，有时高达39℃，也许表现得还挺有精神。此时爸爸妈妈要保持镇定，从容应对，也许比慌乱更有用。

❷ 及时补水

宝宝发热时，如果精神好，一定要给宝宝多喝些水，如温开水、果汁、运动饮料等，宝宝可以通过排尿、排汗，使身体温度逐渐下降。含有糖类的果汁，还可为宝宝补充体能，对抗疾病。

❸ 预防高温惊厥

高温会引起惊厥，惊厥对宝宝大脑伤害很大，建议宝宝6个月后，家中常备些退热贴，一旦发热超过38℃即可在脑前、脑后各贴一片，这样有利于保护脑细胞不受高热的损害。如果没有备，也可以用湿毛巾敷脑门进行退热。体温过高的宝宝需马上进行温水浴，在水里浸泡时间稍长一点，并用热毛巾在宝宝的脖子两侧、夹肢窝、腹股沟多擦几次，至皮肤发红为止。洗过之后每隔15分钟测一次体温，如果温度还是过高，可以再进行一次。

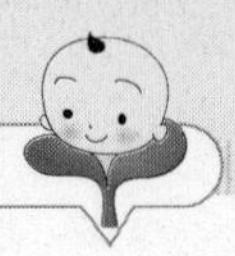

专家提示

酒精刺激性大，且易引起酒精中毒，小婴儿不建议使用酒精擦身退热法。

按照以上方法，一般宝宝的体温可以得到有效的控制。一般宝宝发热的时间为2～3天，有时会有反复，但只要不引发高温惊厥，父母有足够的时间观察、辅助治疗或去医院就诊，但需注意不要延误病情。

此外，由于发热与感冒并发，所以在宝宝发热期间，也可通过食疗调养的方法，为宝宝缓解病情，但要注意分清风寒与风热。

❶ 风寒发热

调养食疗方

生姜红糖水

（6个月以上适用）

原料：姜3～4片，白开水半碗，红糖适量。

用法：把姜片放入碗中，加入白开水，再入红糖，加盖闷约10分钟，调匀即成。晾至温热（不烫手）即可给宝宝饮用。1日2次，连服2天。

食疗功效：生姜性温味辣，可除风邪寒热、消肿通窍、开胃健脾，搭配红糖还可活血、暖胃，更有利于宝宝发汗、退烧。

红糖姜水冲鸡蛋

（7个月以上适用）

原料：鸡蛋1个，生姜丝、红糖各10克，沸水适量。

用法：将鸡蛋黄磕入碗中，用木筷奋力搅拌，直至搅出均匀细密的泡沫；再放入切好的姜丝，用沸水冲熟，要一次冲足，切不可断续添加；同时继续轻轻搅动，碗内绽放出嫩黄的蛋花，搅匀后，放入少许红糖调匀，晾至温热，即可给宝宝服用。1日2次，连服2日。

食疗功效：鸡蛋可养心润燥，含有蛋白质、脂肪、卵黄素、卵磷脂、维生素等营养成分，搭配生姜、红糖，可祛寒杀菌，发汗解表，温肺止咳，有助于宝宝退烧。

淡豆豉葱白煲豆腐

（8个月以上适用）

原料：淡豆豉、葱白各10克，生姜2片，豆腐150克。

用法：豆腐洗净，切成小块，放入油锅中略煎一下，然后放入淡豆豉，加入清水约1碗半，煎取为80毫升（约大半碗水量）加入葱白、生姜，大火煮沸即可。捞出淡豆豉、生姜、葱白弃之，趁热给宝宝吃下汤和豆腐，盖上被子发汗。每日1次，连服3日。

食疗功效：淡豆豉葱白煲豆腐是广州和珠三角一带民间常用治疗外感风寒的偏方，可解表发汗、清热透疹、宽中除烦，可迅速为宝宝退热。

专家提示

服用此汤后，被子不要给宝宝盖得过严、过厚，不要弄得大汗淋漓，否则影响疗效。宝宝发汗后，要换下湿衣，穿上干净清洁的干衣服，避免病情反复。

❷风热发热

淡盐水

（6个月以上适用）

原料：食用盐2克，白开水150毫升。

用法：将食用盐放入杯中，冲入白开水搅匀，晾至温热，即可给宝宝饮用。每日1～2次，连服3日。

食疗功效：淡盐水具有降火益肾、祛除内热的功效，有助于风热发热的宝宝退烧，还能为宝宝补充水分，避免宝宝脱水。

白茅芦根水

（6个月以上适用）

原料：白茅根10克，芦根8克，冰糖适量。

用法：将白茅根、芦根一同放入沙锅中，加两碗水（约500毫升），煎至1碗，滤出，加入冰糖调匀，晾至温热即可给宝宝饮用。每日1剂，分2次服用，连服3天。

食疗功效：白茅芦根水可凉血止血、清热生津、除烦止呕，还有助于宝宝排尿，使宝宝恢复正常。

护理方法

宝宝退热后，一定要注意护理，避免宝宝病情反复。

（1）换洗衣、被。宝宝发热时，穿的衣服要及时清洗干净晾干，最好在阳光下暴晒一下，可杀灭有害菌。

（2）保持室内空气流通，室温宜保持在24～26℃之间，夏季炎热时，可调低一点。

（3）保证正常作息时间，穿宽松衣物，可给宝宝睡水枕、洗温水澡；洗澡可以多泡一会儿，促进血液循环，调节体温。

咳嗽

宝宝咳嗽常与感冒、发热并发，且持续时间较长，有时感冒、发热好了，宝宝仍会咳嗽。咳嗽的产生，是由于当异物、刺激性气体、呼吸道内分泌物等刺激呼吸道黏膜里的感受器时，神经冲动通过传入神经纤维传到延髓咳嗽中枢，引起咳嗽。宝宝咳嗽多以风热、风寒、肺脾气虚等类型较常见。

治疗咳嗽最好的方法就是食疗，但需注意分清症状，选对食材，否则对病情不会起作用。

风寒咳嗽多由宝宝受寒引起，表现症状为舌苔发白、痰稀、白黏，咳嗽前一般会打喷嚏、鼻塞、流鼻涕，食疗方向应该趋向温热、化痰、止咳的食物，如红糖姜水、蒸大蒜水、烤橘子等。风寒咳嗽期间，不要给宝宝吃寒凉食物，易引起腹泻，而且影响食疗效果。不可吃的寒凉食物有：雪梨、百合、薄荷、西瓜、绿豆、石榴、柚子、海带、紫菜、金银花水、菊花水等。

风热咳嗽一般是肺热引起的，表现症状为舌苔红、黄，咳嗽出来的痰是黄稠的，而且不易咳出，并有咽痛。食疗方应趋向清肺、止痰、止咳的食物，如罗汉果、冰糖雪梨、秋梨膏、枇杷、荸荠、煮白萝卜水等。不可食用上火温补的食物，以免加重病情，如生姜、葱白、牛肉、羊肉、荔枝、龙眼、松子、大枣、烧带鱼等。

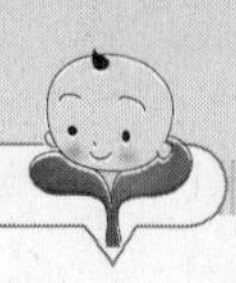

❶ 风寒咳嗽

调养食疗方

生姜红糖大蒜水

（6个月以上适用）

原料：生姜2片，大蒜2～3瓣，红糖20克。

用法：将生姜切成细丝，大蒜捣碎，与红糖一同放入锅中，加入适量温开水，小火煮10分钟，把蒜头的辣味煮掉，滤出汤汁，稍加稀释，趁热给宝宝饮下。喝过后，需注意保暖，每日早晚各1次，连服3天。

食疗功效：生姜可祛寒湿、通血脉，大蒜可杀灭身体有害病菌，搭配红糖制成汤剂，有助于治疗风寒咳嗽。

麻油姜末炒鸡蛋

（8个月以上适用）

原料：鸡蛋1个，麻油1小勺，姜末少许。

用法：鸡蛋洗净，磕开，取出蛋黄，打散；将一小勺麻油放入炒锅内，油热后放入姜末，稍在油中过一下，加入鸡蛋液炒匀即成。每晚临睡前吃1次，连服3～5天。

食疗功效：鸡蛋营养丰富，搭配生姜、麻油，可温中补气、益气润燥，对风寒咳嗽治疗效果较好。

❷ 风热咳嗽

川贝冰糖雪梨

（8个月以上适用）

原料：雪梨1个，冰糖25克，川贝少许。

用法：雪梨洗净，去皮，去蒂，挖出雪梨心，切块；将川贝、冰糖、雪梨一同放入锅中，煮沸后，小火熬炖45分钟，捞出川贝，捣烂梨块，晾温给宝宝食用。

食疗功效：雪梨可生津止渴、润肺祛燥，搭配冰糖、川贝，可止咳化痰，治疗风热咳嗽。

贝母粥

（8个月以上适用）

原料：大米40克，冰糖10克，川贝母少许。

用法：将川贝母研成细末；大米洗净，放入锅中，加适量清水煮沸，加入贝母粉、冰糖，再用小火烧煮片刻即成。

食疗功效：贝母可润肺养胃、化痰止咳，与冰糖搭配入粥更容易被宝宝消化吸收，对治疗风热咳嗽效果较好。

腹 泻

宝宝腹泻是消化系统疾病中的常见症状，一般可分为感染性腹泻和生理性腹泻两种。感染性腹泻多由于细菌引起，生理性腹泻发病的原因较多，如宝宝脾胃不和、受凉等都会引起腹泻。表现为改变原来排便习惯，排便次数明显增多，粪便稀薄或含有脓血。腹泻好发于6个月至2岁之间的婴幼儿，多发在夏秋季节。长期腹泻易导致宝宝营养不良，反复感染，甚至影响宝宝的正常发育。

当宝宝发生腹泻后，可以想一

想孩子最近吃什么了，是否肚子受凉了，是什么原因引起的。如果查不出来，可以把宝宝的大便装在玻璃瓶里，拿到医院去化验一下，这样可以避免交叉感染。确定病因后有针对性地用药和护理。一般发生腹泻后，不会马上就好，会有一个逐渐好转的过程，最快恢复过程也需要1～3天，建议爸爸妈妈们有心理准备。

经常腹泻的宝宝，除了药物治疗外，还可通过食疗搭配中医艾灸、按摩等方法来缓解病症。需注意的是，烹饪膳食以软、烂、温、淡为主，同时注意多喝水，防止宝宝脱水。

调养食疗方

大蒜粥

（6个月以上适用）

原料：紫皮大蒜2～4瓣，大米80克。

用法：大蒜去皮，洗净，切片；大米洗净，放入锅中，加适量清水，放入大蒜同煮成粥。晾至温热后，给宝宝食用。

食疗功效：大蒜中含有蛋白质、脂肪、糖、维生素和矿物质等多种营养成分，有强烈的杀菌作用，对葡萄球菌、链球菌等均有良好的杀灭作用，可治疗宝宝因细菌感染造成的腹泻。

焦米粥

（6个月以上适用）

原料：大米、糯米各20克。

用法：将大米、糯米放入铁锅里用小火炒至米稍稍焦黄，然后用这种焦黄的米煮粥，给宝宝服用。更小月龄的宝宝服用时，只喝米汤。

食疗功效：焦米粥有助于止泻，并能促进消化，可治疗细菌感染造成的腹泻。

胡萝卜水

（5个月以上适用）

原料：新鲜胡萝卜250克。

用法：将胡萝卜洗净，带皮切块，放入锅中煮烂，取水给宝宝喝。

食疗功效：胡萝卜可调和脾胃、收敛水分，适用于脾虚引起的腹泻。

苹果泥

（4个月以上适用）

原料：苹果1个，白糖适量。

用法：将苹果洗净，去皮和核，切丁，放置于碗中，加入适量凉开水，撒上白糖拌匀，上笼蒸20～30分钟，取出后，用小勺压成泥状，待凉后给宝宝喂食。

食疗功效：苹果中富含果胶和鞣酸，可吸附体内毒素，收敛水分，有助于缓解宝宝腹泻症状。

护理方法

❶ 艾灸治腹泻

从药店买回艾条，点燃后，在宝宝肚脐至小腹的部位，与皮肤相隔1寸的距离来回熏灸。一般1岁以内的宝宝熏5分钟，1～3岁的宝宝熏10分钟。腹泻严重者可一日熏3次，隔1～2天再熏一次。避免导致内热，引起宝宝上火。

❷ 生姜按摩治腹泻

生姜可祛除寒气，如果宝宝因着凉或过食凉食引起腹泻，妈妈可将老姜捣烂出汁，敷于宝宝肚脐上，顺时针按揉3分钟，逆时针按揉3分钟，待宝宝打嗝或者放屁以后症状就会缓解。虽然当时不会马上见效，但多揉几次，对宝宝腹泻是很有帮助的。

用艾条直接熏的话，父母一定要注意及时弹掉艾条上的烟灰，不能让烟灰掉落在宝宝娇嫩的皮肤上。最好在宝宝睡觉的时候熏，并注意不要让宝宝乱动，以防烫伤。

便 秘

便秘是婴幼儿时期常发的一种病症。多由于宝宝摄取食物中纤维素少而蛋白质成分较高引起。宝宝便秘后，常会感到头晕、头痛、焦躁不安、肚子膨胀、食欲减退、口酸口臭和眼屎、湿疹增多，对健康非常不利。有研究显示，经常便秘的宝宝对外界事物淡漠，有时会显得呆头呆脑。而且宝宝便秘时，每次排便都会啼哭不休，甚至发生肛裂，肛裂的发生会使宝宝对排便产生恐惧心理，造成恶性循环，从而加重便秘。

虽然，现在有些药物可缓解便秘，但是药三分毒，长期依赖药物不是治疗便秘的最好方法。因此，面对宝宝便秘，首先就应从日常生活习惯与饮食方面加以调养。

❶ 饮食习惯

养成良好的饮食习惯，平时多吃新鲜蔬菜和水果，如芹菜、油菜、空心菜、白菜、胡萝卜、苹果、香蕉、梨等。饮食不要过于精细，适时给宝宝加一些粗粮，如荞麦、玉米、大麦等富含维生素的食物。忌食冷饮，少吃奶酪、精细粮食（珍珠米、免淘米）等，饮食的品种和花样可以多一点，以平衡营养成分，还要注意每天给宝宝补充足量的水。

❷ 生活习惯

从4个月起，给宝宝添加辅食，并培养宝宝每日排便的生活习惯。一般婴儿从出生60天起因进食后肠蠕动加快，常会出现便意，故一般宜选择在进食后让宝宝排便，建立起大便的条件反射。忌暴饮暴食，养成按时吃饭、按时睡觉的好习惯，形成有规律的人体生物钟，这样可促进胃液分泌，促进食物的消化。容易挑食、偏食的宝宝，要尽量少给点心吃，可以等宝宝饿的时候再给宝宝喂断奶食。

无论是用食疗还是药疗治疗便秘，都不会很快就见效。便秘是一种习惯病症，关键还在于调整并养成一种好的生活、饮食习惯。这个过程周期较长，所以父母要做好心理准备。

0~3岁的宝宝便秘需要使用内外结合的方法，通过耐心的治疗才能根除。因此，食疗是治疗便秘的最佳方法。

调养食疗方

甜杏仁粥

（10个月以上适用）

原料：杏仁露（成品）100毫升，大米80克。

用法：大米淘洗干净，放入锅中，加适量清水，熬煮成烂粥，再加入杏仁露，继续熬煮片刻即成。晾至温热后给宝宝食用，每日早晚各1次。

食疗功效：杏仁露中富含蛋白质、脂肪、糖类、胡萝卜素、B族维生素、维生素C、维生素P以及钙、磷、铁等营养成分，可滋阴润肺、止咳平喘、润肠通便，对便秘有很好的调养作用。

松仁芝麻粥

（10个月以上适用）

原料：松仁10枚，芝麻6克，大米10克。

用法：大米淘洗干净，与松仁、芝麻同煮成粥，晾至温热后即可给宝宝食用。

食疗功效：松仁可补肾益气、养血润肠、润肺止咳，芝麻可养发生津、润肠通便，搭配做成粥，既可帮助宝宝通便，更有利于宝宝对营养的吸收。

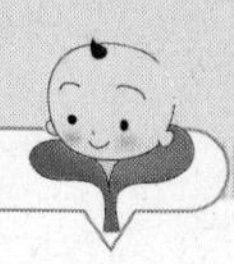

自制草莓酸奶

（10个月以上适用）

原料：婴儿配方奶粉500克，发酵菌1袋。

用法：将配方奶冲好，晾凉后加入发酵菌，调匀，放入酸奶机中发酵8～10小时，凝固半固体状即拿出，放入冰箱中冷藏30分钟，待酸奶钝化后，即可给宝宝食用。每日1次。

食疗功效：酸奶可润肠通便，开胃健脾，促进消化，可缓解宝宝便秘，长期食用对便秘有较好的治疗作用。

芝麻粥

（8个月以上适用）

原料：黑芝麻5克，大米30克。

用法：黑芝麻炒熟后研碎；大米淘洗干净开水浸泡1小时，再加入适量开水煮至米熟汤稠，加入研碎的黑芝麻粉，继续稍煮片刻即成。每日1次，连服3日。

食疗功效：芝麻粥有润肺补肾、利肠通便的作用，可缓解便秘症状。

护理方法

抚触按摩治便秘

从宝宝3个月后开始进行。抚触时，妈妈右手指尖向左侧放在宝宝下腹部，全手掌接触到宝宝的皮肤后，沿顺时针方向开始推向左上腹，再转向右上腹、右下腹终止。随后左右手并排跟进，沿同一轨道至右下腹处终止。重复3～4次。抚触力度可稍大一些，可见指尖前的皮肤出现褶皱，动作要慢。长期坚持可促进胃肠蠕动，使大便通畅，增强胃肠功能。

湿疹

小儿湿疹是一种过敏性皮肤病，湿疹主要发生在宝宝的双颊、额部和下颌部，严重时胸部和上臂也会出现。湿疹初期，会出现针头大小的红色丘疹，继而会产生水疱、脓疱、渗液，能形成痂皮，痂皮脱落后或形成红斑，继而慢慢长出新的皮肤，会有少许薄痂或鳞屑片。

湿疹

宝宝患湿疹的原因是多方面的，即使去医院查也需要结合每个宝宝的情况具体分析，有时也难明确具体的源头。其实，父母也可根据宝宝的情况查找原因。一般有以下几种原因：

❶ 遗传因素

通常有遗传过敏性体质的宝宝，在喂养不当、消化不良时易引起湿疹。所以如果父母有一方是这样的体质，那么宝宝就容易因过敏而产生湿疹。如果父母都不是过敏性体质。妈妈就要仔细想一想怀孕、喂养期间，是否进食过湿毒性较强的食物，或者摄入过多含有人工添加剂的食物，导致宝宝出生后或母乳后产生湿疹。

❷ 喂养方式不当

一般宝宝从4个月起开始添加辅食，所以无论从食材、添加方式、喂养方法都各有不同，如果刚开始就给宝宝添加多种辅食，很可能使宝宝胃肠受到刺激，产生不适，引起过敏，从而导致湿疹。

❸ 环境因素

出生不久的宝宝，对外界的适应能力较弱，如因季节变化、体内不慎吸入花粉、皮毛纤维及化学挥发性物质等物，也会引起过敏，如果妈妈平常不注意，也

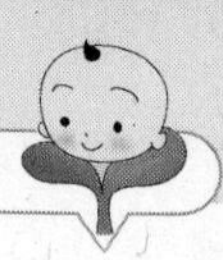

会诱发湿疹。

经过一番仔细探究，湿疹发生的大体原因和方向就能确定。除了必要的用药外，要让宝宝尽量避开导致疾病的食物与环境，保证湿疹不会反复发作。治疗湿疹除专用药物外，还可运用中药食疗搭配治疗，这样既可使病情逐渐好转，又有利于脾胃功能的健康。

调养食疗方

马齿苋煎

（4个月以上适用）

原料：鲜马齿苋25～50克。

用法：将鲜马齿苋洗净，放入沙锅中，水煎成汁。刚出生的宝宝可外洗，每日1次；8个月以上的宝宝可内服，每日3次，每次10～30毫升。

食疗功效：马齿苋具有清热解毒、散血消肿的功效，可缓解湿疹、痱子带来的不适感。

黄瓜煎

（4个月以上适用）

原料：黄瓜皮25克。

用法：将黄瓜皮放入锅中，水煎至沸，滤出汤汁，加少许糖，拌匀即成。晾至温热即可给宝宝饮用，每日1剂，分3次服用。

食疗功效：黄瓜具有清热解毒、生津止渴的功效，可辅助治疗宝宝湿疹。

绿豆海带粥

（8个月以上适用）

原料：大米30克，水发海带40克，绿豆20克，红糖少许。

用法：大米淘洗干净；海带洗净，切碎；绿豆洗净；将大米、海带碎、绿豆一同放入锅中，加适量清水，熬煮成粥，再加入少许红糖调匀，继续熬煮2分钟即成。晾至温热后给宝宝食用。

食疗功效：绿豆可清热解毒，海带能消炎退热、补血润脾、降低血压，搭配做成粥，不仅可缓解湿疹不适症状，而且还可起到预防的作用。

薏米赤豆煎

（1岁以上适用）

原料：薏米35克，赤豆20克，白糖少许。

用法：赤豆预先浸泡6～8小时，捞出洗净；薏米洗净与赤豆一同放入锅中，加适量水，同煮至豆烂，酌量加白糖调味即成。晾至温热后给宝宝食用，早晚各1次。

食疗功效：适合1岁以上的宝宝食用。薏米具有利水消肿、健脾祛湿、舒筋除痹、清热排脓的功效；赤豆可活血排脓、清热解毒，而且富含维生素B_1、维生素B_2、蛋白质及多种微量元素；二者搭配既可治愈湿疹，也可补益身体。

护理方法

❶ 紫草治湿疹

紫草可凉血活血、解毒透疹，用于血热毒盛、斑疹紫黑、麻疹不透、疮疡、湿疹、水火烫伤。制作方法：到中药房购买紫草，把香油煨熟后，取洁净搪瓷容器，放入熟油加入紫草，浸泡约2小时即可使用。每日1次，

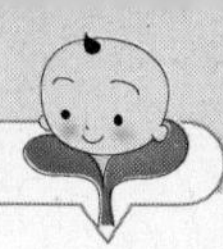

2～3天即可痊愈。

❷ 苦瓜治湿疹

将苦瓜捣碎，用纱布包起来轻拍患部，每日3次，2～3天即可痊愈。苦瓜内含奎宁，具有清热解毒、祛湿止痒之功，可用于治疗热毒、痱子、湿疹、疖疮等病症。

口腔溃疡

口腔溃疡是宝宝易患的一种口腔黏膜疾病，发作后，口腔溃疡周围为红色，中心有黄绿色溃疡点，疼痛剧烈，流口水较多。患病宝宝常伴有口臭、口干、尿黄、大便干结。病情较轻的患儿会出现1～2处，严重者则可扩展到整个口腔，甚至引起发烧及全身不适。

通常引起口腔溃疡的原因较多，一般有以下几点：

（1）小儿口腔黏膜薄而嫩，易被过热的食物烫伤、过硬食物擦伤或进食时咬伤，继而发生感染，导致口腔溃疡。

（2）宝宝营养不良，缺乏锌、铁、叶酸、维生素B_{12}等营养素，免疫力低下，增加复发性口腔溃疡发病的可能性。

（3）宝宝长期食用甘甜、辛热的食物，引起脾胃积热，从而诱发口腔溃疡。

治疗口腔溃疡应该重点补锌、铁、叶酸、维生素B_{12}等营养素，锌是帮助伤口快速愈合的，铁是制造血红素和肌血球素的主要物质，是促进B族维生素代谢的必要物质。叶酸有防止口腔黏膜溃疡、预防贫血的作用。可以选用的食材有：西瓜、绿豆、木耳、山楂、番茄、牛肉、猪肉、动物肝脏、坚果等。

调养食疗方

西瓜汁

（6个月以上适用）

原料：西瓜瓤400克。

用法：西瓜瓤去净子，放入榨汁机中榨成汁，即可用小匙喂给宝宝。饮用时，可让宝宝将瓜汁含于口中，含1～2分钟，再咽下，反复数次。

食疗功效：西瓜性寒，具有清热解毒、生津止渴的功效，可缓解口腔溃疡的疼痛，并起到治疗作用。

鸡蛋绿豆水

（8个月以上适用）

原料：鸡蛋1个，绿豆适量。

用法：鸡蛋磕入碗中，搅拌成糊状；绿豆用清水浸泡20分钟捞出放入锅中，加适量清水，煮沸（水变绿色即可，但绿豆未熟），捞出绿豆，冲入蛋液，成絮状后即成。晾至温热后给宝宝饮用。每日2次，连服3日。

食疗功效：鸡蛋中含铁量较高，绿豆可清热解毒、祛暑利尿，两者搭配对口腔溃疡具有很好的调养作用。

核桃壳水

（8个月以上适用）

原料：核桃壳10个。

用法：将核桃壳放入沙锅中，用水煎熬30分钟，滤出汤汁，晾至温热（可以凉一些）用小匙喂给宝宝，每日3次，连服3日。

食疗功效：核桃壳对口腔溃疡有较好的治疗作用，服用后可减轻宝宝疼痛感，逐渐缩小溃疡面，达到治愈的目的。

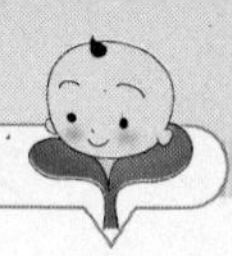

番茄鸡末粥

（10个月以上适用）

原料：鸡脯肉末100克，番茄1/2个，软饭1碗，高汤适量。

用法：番茄洗净后用开水烫一下，去皮切碎；将软饭、鸡脯肉末一同放入锅中，加入高汤，再兑入少许开水调匀，以小火煨煮至黏稠，加入番茄调匀，继续煨煮5分钟，待粥香外溢即成。晾温后，取3～4匙给宝宝喂食。

食疗功效：番茄富含维生素C，可有效防治出牙造成口腔炎症，搭配鸡肉末做成粥，口味鲜香，营养丰富，且易消化。

护理方法

❶ 维生素C治口腔溃疡

去药店购买维生素C片剂，取1～2片压碎，调成泥糊状，涂于溃疡面上，闭口片刻，每日2次。连用2～3天即可见效。

❷ 云南白药治口腔溃疡

可用云南白药气雾剂喷敷口腔溃疡创面，一日2次，一般2～3天痊愈。

❸ 冰糕止痛

口腔溃疡疼痛较严重时，可买一根冰糕，用小勺取适量捣碎，少量给宝宝喂下，可暂时缓解疼痛与不适。

❹ 注意预防

每日用淡盐水漱口，饮食要清淡，少食辛辣、厚味的刺激性食品，忌吃烧烤油炸和油腻食品，多吃水果、新鲜蔬菜，多饮水等，保证充足的睡眠，坚持体育锻炼，以减少发病的几率。

心得分享——看看过来人的锦囊妙计

宝宝生病，爸爸妈妈是最着急的，那么有什么办法能让宝宝少生病呢？让我们来看看下面这些妈妈的锦囊妙计吧！

抚触按摩，防病、亲子双丰收

过来人：贝贝（化名）妈妈

“根据我的经验，宝宝身体好生病少的原因是多方面的。我本人身体很好，但我老公体质较差，换季时容易感冒，但我在孕期吃得很好，营养也较充足，孩子出生时，体重3.6公斤，体质还算可以，不是很爱生病。但我担心贝贝体质随她爸，所以从满月开始就给贝贝做婴儿抚触，现在贝贝一岁半多，身高体重都属上乘，一直没怎么生过病。可见抚触按摩还是有效的。我感觉即使体质较差的宝宝，也能通过抚触按摩来防病，这样既可免去爸爸妈妈的担心，也能使宝宝少受罪。”

抚触按摩是一种特殊的按摩方法。医学研究认为，触觉性接触可以增加迷走神经的活动，增加机体的体液，增加细胞的免疫力，使婴儿对疾病有抵抗力。充满爱心的抚触，不仅会让宝宝调节身体的各项机能，而且也能感受到妈妈的关怀。所以，要想宝宝健康成长，妈妈们不妨给宝宝做做抚触按摩，亲身体验一番。

多喝白开水，少接种疫苗

过来人：小峰（化名）妈妈

“不风闻有什么疫苗好就打，有什么东西能增加抵抗力就吃。是药三分毒。孩子有时生病也是正常的，不要太大惊小怪，找到病因，及时治疗即可。像我家小峰除了注射过计划疫苗外，别的从来没打过，平常我让他多喝水，多排泄，宝宝现在1岁多了，除换季时感冒过，没生过什么病。我认为只要多喝白开水，加快新陈代谢，即使生病也会好得快。”

现代科技发达，医院里会出现很多预防疾病的疫苗，这些疫苗虽然有利于抗病，但也容易将细菌寄生在体内，所以提醒各位妈妈，不要什么疫苗都接种（当然，必要的疫苗接种也很重要）。小峰妈妈的做法值得妈妈们学习，白开水虽然清淡无味，但却是宝宝最好的饮品，宝宝可以通过喝水补充身体所需水分，还能将有害物质通过尿液排出体外，这样宝宝就会少生病。

让他多玩，情绪好也能抗病

过来人：乐乐（化名）妈妈

“我家乐乐是全母乳喂养，从6个月大的时候开始加了配方奶，因为想早些断奶。开始宝宝有些不适应，总是爱生病，于是我给宝宝加了粗粮米糊，而且宝宝每天午休后，我都会抽出时间陪宝宝玩，她一玩就显得很兴奋，等她玩饿了，再给宝宝喂些米糊，宝宝很爱吃，情绪也积极，身体也逐渐好起来。我认为只要情绪好，宝宝就会少生病。”

情绪抗病这并不是什么新鲜事，人处于身心愉快的环境中，身体的各项机能都向好的方面发

展。所以，建议父母每天多陪宝宝玩，使宝宝情绪稳定，身心愉悦，这对防病是非常有效的。

别怕弄脏衣服，多做户外运动

过来人：梅奥（化名）妈妈

“我家梅奥从满月开始就很顽皮，每天好像有使不完的精神似的，手脚总在不停地动，现在梅奥已经会走了，基本上没怎么生过病，每天上午都会嚷嚷着到户外活动，虽然有时会弄得一身脏，但我还是让宝宝自由去玩，我认为只要宝宝身体健康，换身衣服又有什么关系呢！人常说生命在于运动，经常运动可增强体能，孩子自然少生病。”

梅奥妈妈的经验值得妈妈们借鉴，宝宝天性活泼，本就应该经常到户外活动，这样不但能锻炼宝宝体能，增强免疫力，对宝宝的生长发育也有好处。

附 录

宝宝不同月龄的安心断奶食材表

出生后4个月开始添加的食物

谷物类	米、糯米
蔬菜类	土豆、黄瓜、南瓜、红薯、角瓜

出生后5个月开始添加的食物

蔬菜类	胡萝卜、西蓝花
水果类	苹果、香蕉、梨、水蜜桃、西瓜

出生后6个月开始添加的食物

谷物类	高粱米
蔬菜类	胡萝卜、菠菜、大头菜、白菜、莴苣
肉类	牛里脊肉、鸡脯肉
海藻类	紫菜、海苔
核果类	花生、栗子

出生后7个月开始添加的食物

谷物类	黑米、大麦、小米、玉米
面粉类	龙须面
蔬菜类	洋葱
水果类	香瓜
蛋类	各种禽蛋的蛋黄
豆制品	水豆腐、大豆
海产品	鳕鱼、带鱼、黄鱼

出生后8个月开始添加的食物

谷物类	黑米、大麦、小米、玉米
蔬菜类	胡萝卜、菠菜、大头菜、白菜、洋葱
水果类	香瓜、苹果、香蕉、梨、水蜜桃、西瓜
蛋类	各种禽蛋的蛋黄
海产品	带鱼
奶类	酸奶

出生后9个月开始添加的食物

谷物类	黑米
蔬菜类	黄豆芽、绿豆芽
水果类	哈密瓜
鱼类	鲢鱼（鱼腹肉）、草鱼（鱼腹肉）、鲤鱼（鱼腹肉）
奶类	婴儿用奶酪片
核果类	黑（白）芝麻、松仁、葡萄干
调味料	香油、橄榄油、大豆油
海产品	牡蛎、鲑鱼

出生后10个月开始添加的食物

谷物类	麦粉
蔬菜类	萝卜叶
水果类	熟柿子、葡萄
海产品	海带、牡蛎、虾

出生后11个月开始添加的食物

谷物类	赤豆、黑豆、玉米
蔬菜类	甜椒、绿菜椒、荠菜、蕨菜
水果类	甜柿子、荔枝
奶类	液体酸牛奶（其中含有防腐剂，建议尽量少食）、黄油
肉类	猪里脊肉、鸡脯肉
海产品	干银鱼（需浸泡，去除大量盐分后再制作辅食）
调味料	盐、醋、植物油、香油
零食类	西米露、面包

出生后12个月开始添加的食物

谷物类	薏米、紫米、玉米片
面食类	素面、龙须面、荞麦面、粉条
蔬菜类	茄子、芋头、竹笋、番茄、韭菜
水果类	橘子、芒果、橙子、猕猴桃、草莓、菠萝、柠檬
肉类	牛肉、猪肉、鸡肉、鱼肉
奶类	鲜牛奶、炼乳
蛋类	全蛋（开始时少量，逐渐增加）
核果类	瓜子、开心果、核桃仁、甜杏仁
豆制品	豆皮、干豆腐
调味料	色拉酱、蚝油、番茄酱
零食类	蛋糕、火腿、果酱、蟹酱
海产品	鲅鱼、冷冻金枪鱼、蟹、鱿鱼

出生后18个月开始添加的食物

奶类	奶酪、奶油
核果类	南瓜子、各类干果
调味料	大酱、辣椒面（建议少食）
豆制品	豆浆、豆奶

出生后25个月开始添加的食物

谷物类	混合杂粮、米粉、河粉
肉类	五花肉
零食	巧克力棒、自制奶昔、自制吐司面包、自制三明治、自制汉堡